职业院校风能专业十三五规划教材

风电系统的安装与调试基础

主　编　王建春　　颜爱平

副主编　朱奇卫　　赵连合　　胡端义

机械工业出版社

本书内容从风力发电机组的认识开始，到风力发电机组的车间装配与调试、风力发电机组在风电场的吊装与调试，最后以 HN－YFZ01 型风力发电机组安装与调试实训装置模拟装调结尾，共分 4 个大项目 13 个任务，做到既夯实理论基础又配以实训指导。

本书可作为职业院校风能专业的教学用书，也可作为企业培训用书，还可作为风电爱好者和工程技术人员的参考用书。

图书在版编目（CIP）数据

风电系统的安装与调试基础/王建春，颜爱平主编 .—北京：机械工业出版社，2019.6

职业院校风能专业十三五规划教材

ISBN 978-7-111-62694-7

Ⅰ.①风… Ⅱ.①王… ②颜… Ⅲ.①风力发电系统-安装-高等职业教育-教材 ②风力发电系统-调试方法-高等职业教育-教材 Ⅳ.①TM614

中国版本图书馆 CIP 数据核字（2019）第 086300 号

机械工业出版社（北京市百万庄大街 22 号 邮政编码 100037）
策划编辑：陈玉芝 责任编辑：陈玉芝
责任校对：李 杉 封面设计：陈 沛
责任印制：张 博
三河市宏达印刷有限公司印刷
2019 年 7 月第 1 版第 1 次印刷
184mm×260mm · 12.5 印张 · 309 千字
0001—3000 册
标准书号：ISBN 978-7-111-62694-7
定价：38.00 元

电话服务 网络服务
客服电话：010-88361066 机 工 官 网：www.cmpbook.com
　　　　　010-88379833 机 工 官 博：weibo.com/cmp1952
　　　　　010-68326294 金 书 网：www.golden-book.com
封底无防伪标均为盗版 机工教育服务网：www.cmpedu.com

前　言

　　风能作为全世界最清洁的能源，因具有取之不尽、用之不竭的优势，越来越多地为世界各国所重视。为促进我国风电科技产业更快、更好地发展，教育部、国家发展和改革委员会、国家能源局等部门在近10年内出台了许多鼓励措施与政策。风力发电相关专业在各本科院校、职业院校的开设如雨后春笋般大量出现。"风电系统的安装与调试"无论从职业方面还是从知识、能力等方面，都是风力发电工程技术专业与风电系统运行与维护专业必不可少的一项技能。为全面提高职业院校风力发电相关专业学生的操作技能，针对目前风力发电领域的实际应用和教学特点，我们联合多所院校的专业教师和企业专家共同编写了本书。

　　在本书编写过程中，充分考虑并注重培养学生的综合能力，突出他们的操作技能。本书所选案例均来自企业生产一线，并以2.0MW双馈异步风力发电机组作为学习项目，以任务实施为主要学习内容，旨在培养风电系统安装与调试方面的专业人才。

　　本书由王建春、颜爱平任主编，并由王建春负责统稿，朱奇卫、赵连合、胡端义任副主编，雷莱、张学焕、冯玉洁参与编写。在本书编写过程中得到了明阳智慧能源集团股份公司、湘电风能有限公司、沈阳华纳科技有限公司以及业界许多同仁的大力支持，在此特别表示感谢。

　　由于水平所限，书中难免存在不足之处，敬请各位专家、同行批评指正！

编　者

目 录

项目一　风力发电机组的认识

 项目导读

风力发电机组有不同的类型，最常见的风力发电机组是直驱式和双馈式两种类型。不同类型的风力发电机组，其车间装配及整机总装工艺流程不同，那么安装过程中应注意哪些问题呢？

本项目主要讨论 2.0MW 双馈异步风力发电机组的结构、装配基本知识、关键零部件的装配要点、零部件及整机装配工艺等内容。

 项目目标

1. 知识目标

1）了解风力发电机组的工作原理及结构。

2）了解机械装配的基本概念、工作内容、工艺方法及工艺过程制订步骤。

3）掌握风力发电机组的装配过程和调试项目。

4）掌握风力发电机组的装配方法及装配工艺流程。

2. 技能目标

1）能识读风力发电机组工作原理图及结构图。

2）能识读机械装配工艺文件。

3）能够根据风力发电机组的结构类型，选择风力发电机组的装配工艺及方法，并能够进行装配工艺流程设计。

4）能确定风力发电机组的调试项目。

5）能够根据装配工艺要求，做好装配前的准备工作。

3. 素养目标

1）重视设备及人身安全。

2）热爱本职工作，工作态度积极主动，工作中乐于奉献、不怕吃苦。

3）形成质量意识、团队意识和创新意识，具有爱岗敬业、诚实守信等良好品质。

4）良好的工作习惯，如认真严谨、安全操作、善始善终、爱护工具及其他维护用品。

5）勤学好问，不断提高自身的综合素质。

任务一 2.0MW 双馈异步风力发电机组结构认识

一、2.0MW 双馈异步风力发电机组结构介绍

风力发电机组的主要功能是将风能转换为机械能，再将机械能转换为电能输送到电网中。2.0MW 双馈异步风力发电机组的结构采用上风向、三叶片、独立电动变桨、双馈式变速发电机，其适应性更强、发电量更高、性能更可靠。其内部结构及总体技术参数分别见图 1-1 和表 1-1。

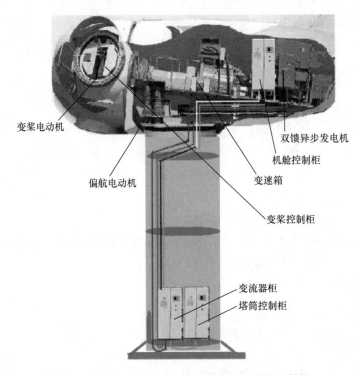

图 1-1 2.0MW 双馈异步风力发电机组的内部结构

表 1-1 2.0MW 双馈异步风力发电机组总体技术参数

序号	名称	单位	参数
1	额定功率	kW	2000
2	对风方向		上风向
3	控制方式		变桨变速恒频
4	旋转方向		顺时针
5	叶片数		3
6	切入风速	m/s	3
7	切出风速	m/s	25
8	运行温度范围	℃	−30～40（低温）、−10～40（常温）
9	存储温度范围	℃	−40～50（低温）、−20～50（常温）
10	设计寿命	年	20

双馈异步发电机的定子绕组直接与电网相连，转子绕组通过变流器与电网连接，转子绕组电源的频率、电压、幅值和相位按运行要求由变频器自动调节，机组可以在不同的转速下实现恒频发电，满足用电负载和并网的要求。由于采用了交流励磁，发电机和电力系统构成了"柔性连接"，即可以根据电网电压、电流和发电机的转速来调节励磁电流，精确地调节发电机输出电流，使其能满足要求。

变速双馈异步发电机的工作原理：通过叶轮将风能转变为机械能，经过主轴、齿轮箱后传到异步发电机产生电能，定子通过励磁变流器励磁将电能并入电网。转子转速如果超过发电机同步转速，转子也处于发电状态，通过变流器向电网馈电。双馈异步发电机正是由叶片通过齿轮箱变速，带动发电机高速旋转，同时转子接变频器，通过变频器 PWM 控制以达到定子侧输出相对完美的正弦无谐波电能，在额定转速下，转子侧也能同时发出电流，以达到最大利用风能效果。通俗地讲，就是要变频器控制转子电流，反馈给定子绕组，保证定子绕组发出相对完美的正弦无谐波电能，同时在额定转速下，转子也能发出功率。其工作原理框图见图 1-2。

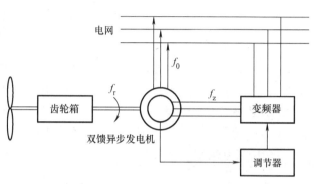

图 1-2 双馈异步发电机组工作原理框图

二、2.0MW 双馈异步风力发电机组各部件的结构

1. 风轮

风轮是获得风能的关键部分，由叶片和轮毂组成，见图 1-3。叶片通过变桨轴承与轮毂连接。

按叶片数不同，风轮可分为单叶片、双叶片、三叶片和多叶片风轮。三叶片风轮稳定性好，应用广泛。按叶片能否围绕其纵向轴转动，风轮可分为定桨距风轮、变桨距风轮。按转速的变化，风轮可分为定转速风轮、变转速风轮。变转速风轮的转速随风速变化，通过变桨控制使风轮保持在最佳运行状态，从而获取更多能量，减小由阵风引起的载荷。

变桨系统由变桨电动机、限位开关、减速器、编码器以及控制系统等组成。变桨系统通过变桨电动机驱动变桨减速机带动桨叶旋转，实现变桨距的目的。机组根据不同的环境工况，可选用直流变桨电动机或交流变桨电动机。图 1-4 所示变桨电动机是一个三相交流异步电动机。变桨电动机具有独立散热风扇，能够自动调节电动机的温度；具有电热调节器，能够实现电动机线圈过热保护；电加热设备在电动机停止运行期间根据需要进行加热，并能在低温 -30℃（低温型）或 -10℃（常温型）环境下起动运行。

限位开关用于控制桨叶运行的行程及限位保护，当桨叶运行到相应角度时就会触碰限位开关，此时桨叶处于顺桨位置。限位开关包括 91°限位开关（一级限位开关）和 100°限位开关（二级限位开关），见图 1-5。

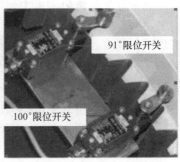

图1-3 风轮   图1-4 变桨电动机   图1-5 限位开关

编码器包括安装在变桨电动机尾部的电动机编码器（见图1-6a）和安装在变桨轴承处的桨叶编码器（见图1-6b）。电动机编码器直接测量变桨电动机转速，桨叶编码器用来测量风机叶片的转速，变桨转速信息将通过编码器反馈到系统中。其结构见图1-6。

变桨控制系统是风力发电机组的核心部分之一，其安装在风力发电机组的轮毂内，用于对风机叶片的定位和控制。变桨系统包含1个中控箱和3个轴控箱，每个轴控箱连接1台电动机、1个限位开关和2个编码器。变桨控制系统示意图见图1-7。

a) 电动机编码器   b) 桨叶编码器

图1-6 编码器

2. 机舱总成

（1）机舱 机舱由机座和机舱罩组成，机座上安装各主要装置。机舱罩后部的上方装有风速和风向传感器，舱壁上有通风装置等，底部与塔架相连。主要装置由传动系统、偏航系统、液压系统、制动系统、发电机、控制与安全系统组成。其结构见图1-8。

（2）传动系统 传动系统由主轴、齿轮箱、联轴器、主轴轴承、制动盘和弹性支承等组成。其结构见图1-9。

主轴是连接轮毂和齿轮箱的传动机构，用来支撑轮毂及叶片并传递转矩到齿轮箱。

联轴器主要用于轴与轴之间的联接，并传递转矩。用联轴器联接的两根轴，只有在停机制动后，经过拆卸才能将之分离。

齿轮箱是风力发电机组的关键部件，其主要作用是将风力作用在风轮上的动力传递给发

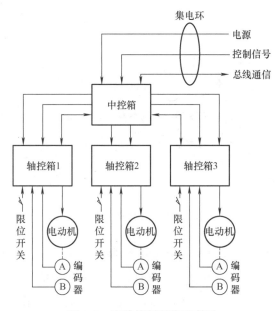

图 1-7　变桨控制系统示意图

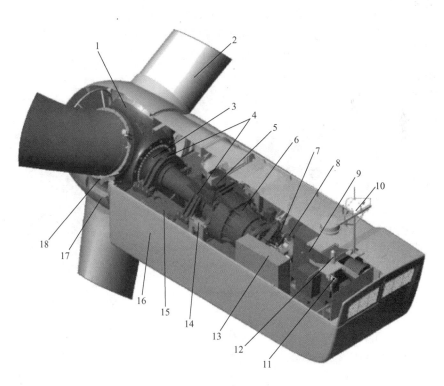

图 1-8　机舱结构

1—轮毂　2—叶片　3—主轴锁紧盘　4—主轴轴承座　5—齿轮箱风扇　6—齿轮箱
7—制动器　8—制动盘　9—发电机　10—测风桅杆　11—机舱吊机　12—航空灯
13—机舱柜　14—弹性支撑　15—机座　16—机舱罩　17—整流罩　18—变桨轴承

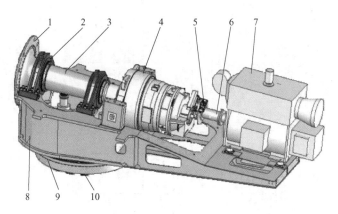

图1-9　传动系统的结构

1—风轮锁定盘　2—主轴承　3—主轴　4—齿轮箱　5—高速轴制动器
6—高速轴　7—发电机　8—机座　9—偏航系统　10—偏航制动器

电机，并使其得到相应的转速。由于风轮的转速低，因此为匹配发电机转速，在风轮轴与发电机之间增加一个增速器。发电机转速与风轮转速的比即为齿轮箱的传动比。齿轮箱的外形见图1-10。

（3）发电机　叶片接受风力的作用产生转动，将能量传递给发电机，最终由发电机转化为电能。2.0MW风力发电机组采用双馈异步发电机。发电机定子直接与电网连接，转子功率通过逆变器输入到电网。发电机的外形见图1-11。

图1-10　齿轮箱的外形

图1-11　发电机的外形

双馈异步发电机主要由定子、转子、加热器、抗磨滚珠轴承、冷却和通风系统、集电环室、速度编码器、温度传感器和端子接线盒等组成。

（4）冷却系统　2.0MW风力发电机组的齿轮箱、发电机、变频柜的冷却系统都是独立的，温度的监测包括齿轮箱轴承、齿轮箱油、发电机线圈、发电机轴承温度的监测，各个温度监测点都受控制系统的实时监控，多余的热量通过热交换系统和空气循环系统排出到机舱外。齿轮箱采用空—油冷却方式，发电机和变频器采用空气冷却系统。

（5）制动系统　变桨系统是机组的主要制动机构，利用空气动力学，通过叶片顺桨到

89°实现。在机组主传动链的高速侧安装有液压制动装置，该液压制动装置是机组的辅助制动机构；液压制动器的主要功能是在主制动机构动作后使转子减速，直到转子完全停止。在机组急停时，主制动机构与辅助制动机构一起动作，实现机组更快减速。高速轴制动器见图1-12。

（6）偏航系统　偏航系统的主要作用有以下两点。

1）偏航系统配合控制系统，调节整个机舱的对风。根据风速仪和风标仪传感检测，使风轮自动对准风向，以提高风力发电机组的发电效率。

2）在扭缆达到限值时进行解缆，保护电缆不被扭断。

风力发电机组的偏航系统主要由偏航轴承、偏航驱动器、偏航制动器、润滑泵和偏航编码器等组成。偏航系统的结构见图1-13。

图1-12　高速轴制动器

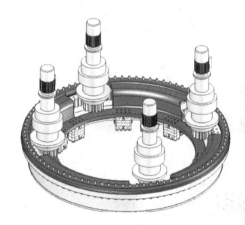

图1-13　偏航系统的结构

偏航电动机下面的小齿轮与偏航轴承大齿圈啮合，由偏航电动机驱动。偏航轴承承载机组中主要部件的重量。

驱动装置由驱动电动机、减速器、小齿轮、齿轮间隙调整机构等组成。偏航驱动装置要求起动平稳，转速无振动现象。

偏航制动器用于偏航对风后固定机舱位置。其结构见图1-14。

（7）液压站　液压站有两个主控制回路，即转子制动回路和偏航制动回路。液压站正常工作压力范围为 $155\sim170$ bar（1 bar $= 10^{5}$ Pa），压力由电动机泵组作为动力单元提供并由压力传感器加以精确显示，动力源的断合利用压力传感器和电气联动控制来实现。液压站的结构见图1-15。

（8）塔架与基础　塔架是支撑风力发电机的支架。发电机的动力电缆以及控制、通信电缆都在其中。塔架内有一个梯子从塔架

图1-14　偏航制动器的结构

7

底部延伸至机舱，塔架内有多个中间平台用于检修。梯子装有防跌落的安全装置，塔架下端安装在地面上，需做钢筋混凝土结构的基础，周围有防雷击接地系统。塔架及内部结构见图1-16。

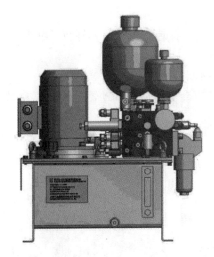

图1-15　液压站的结构

图1-16　塔架及内部结构

（9）防雷系统　防雷电保护的具体措施分为外部保护与内部保护两种。

1）外部保护负责耗散直接雷击造成的能量，防止风力发电机组产生机械损坏和火灾，主要通过避雷针和接地系统来实现。只有准备良好并具有低电阻和低诱导效应的接地才有可能尽快地耗散雷电流，电位差才会尽可能低。

2）内部保护旨在将机舱内部与传感器和聚能处因直接或间接雷击造成的雷电电磁脉冲所产生的电磁场与电位差形成的，过电压降到最小来保护电子器件，并避免因跨步电压和接触电压造成伤害，主要通过接地系统和过电压保护来实现。

（10）变频系统　变频器是风力发电机组的重要组成部分，为转子提供频率可变的电源，使得转子的机械转速与电网的同步转速相互解耦，由此实现风力发电机组的变速运行。

变频器主要由并网柜、控制柜和功率柜组成，见图1-17。2.0MW风力发电机组变频器安装在塔基处。

变频器的主要功能如下：

1）通过控制转子对发电机励磁。

2）在指定的范围内将发电机与电网同步。

3）并网/脱网操作。

4）产生所需要的转矩和功率。

5）产生所需要的无功功率。

6）在电网故障时能提供对变频器的保护。

2.0MW风力发电机组的定子通过主断路器和电网相连，转子通过变频系统连接到电网，发电机转子转速与风速成比例变化。

（11）主控系统　2.0MW风力发电机组的主控系统分为塔基控制柜和机舱控制柜，见

图 1-18 和图 1-19。主控制器 PLC 安装在塔基控制柜内，通过光纤与机舱控制柜进行通信。控制柜内部都装有功能扩展模块以便对控制信号进行采集、处理；还安装有各种断路器、浪涌保护器用于对内外设备进行过电压、过电流和防雷保护；配备有 UPS 不间断电源，在电网掉电时可以保证主控制器能够至少正常运行 1h。

图 1-17　变频器的组成

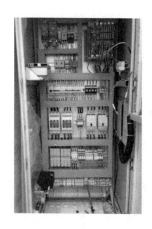

图 1-18　塔基控制柜

图 1-19　机舱控制柜

主控系统具有以下特点。

1）以模块方式连接，方便系统扩展。

2）具有 RS232、RS485、CANBus 等扩展通信接口。

3）通过 EtherNet 接口，将风机接入以太网，以便于风机构成集散控制系统。

4）安全链独立于 PLC 的 CPU 运行，当 CPU 出现故障时，安全系统保证机组在极端情况下能够顺利停机。

5）具有完善的人机界面及故障记录功能，以方便现场工作人员操作与维护。

任务二　风力发电机组车间装配过程认识

一、风力发电机组装配的一般要求

1）待装配的零部件（包括外购件、外协件）均应具有检验部门的合格证。

2）零部件在装配前应当清理并清洗干净，不得有毛刺、翻边、氧化皮、锈蚀、切屑、油污、着色剂和灰尘等。

3）装配前应对零部件的主要配合尺寸，特别是过盈配合尺寸及相关精度进行复查。经钳工修整的配合尺寸，应由检验部门复检，合格后方可装配，并有复查报告存入该风力发电机组档案。

4）除有特殊规定外，装配前应将零件尖角和锐边倒钝。

5）装配过程中零部件不允许磕伤、碰伤、划伤和锈蚀。

6）油漆未干的零部件不得进行装配。

7）对每一装配工序，都要有装配记录，并存入风力发电机组档案。

8）零部件的各润滑处装配后应按装配规范要求注入润滑油（润滑脂）。

二、装配连接要求

1. 螺钉、螺栓联接

1）螺钉、螺栓和螺母紧固时严禁敲击或使用不合适的螺钉旋具和扳手。紧固后螺钉槽、螺母、螺钉和螺栓头部不得损坏。

2）有规定拧紧力矩要求的紧固件，应采用力矩扳手并按规定的力矩拧紧。未规定拧紧力矩值的紧固件在装配时应严格控制，其拧紧力矩按《风力发电机组　装配和安装规范》（GB/T 19568—2017）的规定进行。

3）同一零件用多件螺钉或螺栓联接时，各螺钉或螺栓应交叉、对称、逐步、均匀拧紧。宜分两次拧紧，第一次先预拧紧，第二次再完全拧紧，这样可保证受力均匀。如有定位销，应从定位销开始拧紧。

4）螺钉、螺栓和螺母拧紧后，其支撑面应与被紧固零件贴合，并以黄色油漆标识。

5）螺母拧紧后，螺栓头部应露出 2～3 个螺距。

6）沉头螺钉拧紧后，沉头不得高出沉孔端面。

7）严格按图样和技术文件规定等级的紧固件装配，不得用低等级紧固件代替高等级的紧固件进行装配。

2. 销联接

1）圆锥销装配时应与孔进行涂色检查，其接触率不应小于配合长度的 60%，并应分布均匀。

2）定位销的端面应凸出零件表面，待螺尾圆锥销装入相关零件后，大端应沉入孔内。

3）开口销装入相关零件后，尾部应分开，扩角为 60°～90°。

3. 键联接

1）平键装配时，不得配制成梯形。

2）平键与轴上键槽两侧面应均匀接触，其配合面不得有间隙。钩头楔键装配后，其接触面积应不小于工作面积的 70%，且不接触面不得集中于一端。外露部分的面积应为斜面面积的 10%～15%。

3）花键装配时，同时接触的齿数应不少于全部齿数的 2/3，接触率在键齿的长度和高度方向应不低于 50%。

4）滑动配合的平键（或花键）装配后，相配键应移动自如，不得有松紧不均现象。

4. 铆钉连接

1）铆接时不应损坏被铆接零件的表面，也不应使被铆接的零件变形。

2）除有特殊要求外，一般铆接后不得出现松动现象，铆钉肩部应与被铆零件紧密接触，并应光滑圆整。

5. 黏合连接

1）黏合剂牌号应符合设计和工艺要求，并采用在有效期内的产品。

2）被黏结的表面应做好预处理，彻底清除油污、水膜、锈迹等杂质。

3）黏结时，黏合剂应涂抹均匀。固化的温度、压力、时间等应严格按工艺或黏合剂使用说明书的规定。

4）黏结后应清除表面的多余物。

6. 过盈连接

（1）压装时的注意事项

1）压装所用压入力的计算应按《风力发电机组 装配和安装规范》（GB/T 19568—2017）进行。

2）压装的轴或套允许有引入端，其导向锥角为 10°～20°，导锥长度应不大于配合长度的 5%。

3）实心轴压入盲孔时，允许开排气槽，槽深应不大于 0.5mm。

4）压入件表面除特殊要求外，压装时应涂清洁的润滑油。

5）采用压力机压装时，压力机的压力一般为所需压入力的 3～3.5 倍。压装过程中压力变化应平稳。

（2）热装时的注意事项

1）热装的加热方法可参考《风力发电机组 装配和安装规范》（GB/T 19568—2017）。

2）热装零件的加热温度根据零件材质、接合直径、过盈量及热装的最小间隙等确定，确定方法按《风力发电机组 装配和安装规范》（GB/T 19568—2017）要求。

3）油加热零件的加热温度应比所用油的闪点低 20～30℃。

4）热装后零件应自然冷却，不允许快速冷却。

5）零件热装后应紧靠轴肩或其他相关定位面，冷却后的间隙不得大于配合长度尺寸的 0.03%。

（3）冷装时的注意事项

1）冷装时的常用冷却方法可参考《风力发电机组 装配和安装规范》（GB/T 19568—2017）。

2）冷装时零件的冷却温度及时间的确定方法可参考《风力发电机组 装配和安装规范》（GB/T 19568—2017）。

3）冷却零件取出后应立即装入包容件中。表面有厚霜的零件，不得装配，应重新冷却。

（4）安装胀套时的注意事项

1）胀套表面的接合面应干净无污染、无腐蚀、无损伤。装前均匀涂一层不含二硫化钼（MoS_2）等添加剂的润滑油。

2）应使用力矩扳手拧紧胀套螺栓，并对称、交叉、均匀拧紧。

3）螺栓的拧紧力矩 T 值按设计图样或工艺规定，也可参考《风力发电机组 装配和安装规范》（GB/T 19568—2017），并按下列步骤进行：第一步，以 $T/3$ 拧紧；第二步，以 $T/2$ 拧紧；第三步，以 T 值拧紧；第四步，以 T 值检查全部螺栓。

三、关键部件装配要求

1. 滚动轴承装配

1）轴承外圈与开式轴承座及轴承盖的半圆孔不允许有卡滞现象，装配时允许整修半圆孔。

2）轴承外圈与开式轴承座及轴承盖的半圆孔应接触良好，用涂色法检验时，与轴承座在对称于中心线120°、与轴承盖在对称于中心线90°的范围内应均匀接触。在上述范围内用塞尺检查时0.03mm的塞尺不得塞入外圈宽度的1/3。

3）轴承内圈端面应紧靠轴向定位面，其允许最大间隙，对圆锥滚子轴承与角接触球轴承为0.05mm，对其他轴承为0.1mm。

4）轴承外圈装配后定位端轴承盖端面应接触均匀。

5）采用润滑脂的轴承，装配后应注入相当于轴承容积1/3~1/2的符合规定的清洁润滑脂。凡稀油润滑的轴承，不应加润滑脂。

6）轴承热装时，其加热温度应不高于120℃。轴承冷装时，其冷却温度应不低于-80℃。

7）可拆卸轴承装配时，应严格按原组装位置，不得装反或与别的轴承混装。对于可调头装配的轴承，装配时应将轴承的标记端朝外。

8）在轴的两端装配径向间隙不可调的向心轴承，且轴向位移以两个端盖限定时，其一端必须留有轴向间隙。

9）滚动轴承装好后用手转动应灵活、平稳。

2. 齿轮箱的装配

1）齿轮箱的装配和运输应符合《风力发电机组 齿轮箱设计要求》（GB/T 19073—2018）的技术要求。

2）齿轮箱装配后，应按设计和工艺要求进行空运转试验。运转应平稳，无异常噪声。

3）齿轮箱的清洁度应符合《齿轮传动装置清洁度》（JB/T 7929—1999）的规定。

3. 液压缸、气缸及密封件装配

1）组装前应严格检查并清除零件加工时残留的锐角、毛刺和异物，保证密封件装入时不被擦伤。

2）装配时应注意密封件的工作方向，当O形密封圈与保护挡环并用时，应注意挡环的位置。

3）对弹性较差的密封件，应采用扩张或收缩装置的工装进行装配。

4）带双向密封圈的活塞装入盲孔液压缸时，应采用引导工装，不允许用螺钉旋具硬塞。

5）液压缸、气缸装配后要进行密封及动作试验，应达到以下要求。

a. 行程符合要求。

b. 运行平稳，无卡滞和爬行现象。

c. 无外部渗漏现象，内部渗漏符合图样要求。

6）各密封毡圈、毡垫、石棉绳、皮碗等密封件装配前应渗透油；钢纸板用热水泡软，纯铜垫做退火处理。

4. 联轴器装配

1）每套联轴器在拆装过程中，应与原装配组合一致。

2）刚性联轴器装配时，两轴线的同轴度误差应小于0.03mm。

3）挠性联轴器、齿轮联轴器、轮胎联轴器、链条联轴器装配时，其装配精度应符合表1-2的规定。

表1-2　挠性联轴器、齿轮联轴器、轮胎联轴器、链条联轴器装配精度要求

联轴器孔直径/mm	两轴线的同轴度允差（圆跳动/mm）	两轴线的角度偏差（°）
≤100	0.05	0.05
>100~180	0.05	0.05
>180~250	0.05	0.10
>250~315	0.10	0.10
>315~450	0.10	0.15
>450~560	0.15	0.20
>560~630	0.15	0.20
>630~710	0.20	0.25
>710~800	0.20	0.30

5. 发电机的安装

1）发电机的安装和运输应符合《风力发电机组　异步发电机　第1部分：技术条件》（GB/T 19071.1—2018）的要求。

2）发电机安装后，发电机轴与齿轮箱轴的同轴度应符合联轴器装配第二条及第三条的要求。

3）在发动机机座上，应以对角方式在两端安装接地电缆。

四、工厂装配工艺

1. 生产条件

风力发电机总装生产车间的单跨宽度应为 2～3 倍机舱长度，跨数按年生产能力确定。若年生产 500～600 台，至少需要四跨，每跨长度为 150～200m。车间高度应在 10m 以上，每跨内应安装起重机两台。总装跨内起重机的最大起吊能力，应比机组总装配完成后的总重量大 20% 左右。轮毂装配跨的最大起吊能力，应比轮毂总装配完成后的总重量大 20% 左右。车间内应有采暖设施，保证冬季温度在 15℃ 以上。

年生产 500～600 台的生产车间内应布置四条总装配生产线，每条生产线至少 8～10 个装配工位，每个工位间的间距应不小于一个机舱宽度；不同装配工位生产时处于从装配开始到调试、试运行的不同阶段。可实行总工—工段长—班长—工人的管理体制。设机舱安装班一个、风轮轴安装班一个、轮毂安装班两个、电气安装班两个、整机安装班四个。整机安装班和电气安装班的人员共同组成调试、试运行小组。

2. 装配顺序

（1）轮毂总成装配　轮毂总成装配顺序为：安装变桨轴承→安装变桨驱动电动机→安装变桨控制箱→安装润滑系统→安装液压系统→安装导流罩支架及导流罩→检查装配质量是否符合技术要求→合格后送总装配线→安装在风轮轴上。

（2）风轮轴总成装配　以风轮轴为半独立结构为例，装配顺序如下：轴承座高频加热→轴承外圈装入轴承座→轴承内圈高频加热→将前轴颈装入轴承内圈→安装推力轴承→安装风轮轴防尘套→利用膨胀套将主轴后端连接到齿轮箱输入轴上→找好两轴同心度→安装固定好轴承座。

（3）整机总装流程　2.0MW 风力发电机组车间机械装配采用模块化流程，平行工序可以同步进行，以提高车间装配效率，装配流程见图 1-20。

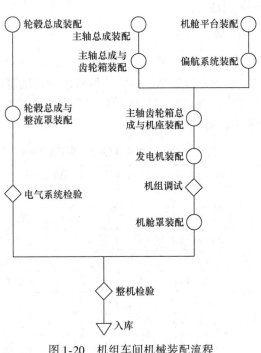

图 1-20　机组车间机械装配流程

五、装配条件及须知

1）要求有足够的安装场地，道路应畅通无阻，不得妨碍相关机动车辆的进出。
2）安装期间，根据不同的装配情况，应备有枕木、垫片等辅助材料。

3）装配用图样资料必须完整，相应质量记录表格必须配备完善。

4）待装配的零件及部件（包括标准件、外协件和外购件）均应具有检验部门的合格证。

5）装配前应对零部件的主要尺寸，特别是过盈配合尺寸及相关精度进行复查，经钳工修整的配合尺寸，应有检验部门复查，合格后方可装配，并有复查报告存入该风机档案。

6）除有特殊规定外，装配前应将零件尖角和锐边倒钝。

7）装配过程中零件不允许磕伤、碰伤、划伤和锈蚀。装配过程中需要中途放置超过3天时间的裸露金属面需采取适当的短期防锈措施。

8）安装前，必须清点零部件到位情况，应无缺件，所有安装用辅助材料都应在相应时间到位。

9）油漆未干的零部件不得进行装配。

10）安装前和关键步骤施工前，必须进行技术交底，并认真做好交底记录。

11）零部件的各润滑处，装配后必须按装配规范要求注入润滑油（或润滑脂）。

12）无特别说明，有力矩要求的螺栓要涂上二硫化钼。要求采用毛刷涂抹的方式在螺栓螺纹尾部均匀涂抹螺栓直径的 1.5 ~ 2 倍长度，涂刷厚度为 0.5 ~ 1mm，不能有螺纹裸露，所涂抹的螺栓必须在 4h 内装配使用完毕。螺栓润滑剂涂抹要求见图 1-21。

a）过长　　　　　b）过多　　　　　c）合适

图 1-21　螺栓润滑剂涂抹要求

13）成组螺栓或螺母拧紧时，应根据零件形状、螺栓的分布情况，按一定的顺序拧紧。在拧紧长方形布置的成组螺栓时，应从中间开始逐步向两边对称地扩展；在拧紧圆形或正方形布置的成组螺栓时，必须对称地进行（如有定位销，应从靠近定位销的螺栓开始），以防螺栓受力不一致甚至变形。

14）摩擦型连接处的摩擦面及重要安装面、安装孔需使用清洗剂 TRUNP HP755 清洗，并用气枪吹干，保证面和孔清洁无油，且严禁在摩擦面上作标记；为防止孔内杂质清理不到位而影响扭矩系数的情况发生，螺栓初拧入的过程必须遵循以下规则：先手动拧入 3 道螺纹及以上，才可使用气动扳手的最低挡对螺栓进行初拧入，一旦出现无法拧入的现象应立即停止拧入，进行拆卸，然后对安装孔及螺栓进行清理和螺纹检查，确认无问题后方可再次拧入。

15）装配或调试后所有要求防腐的部位，应按要求进行，防腐涂层符合技术规范要求。

16）对于拉伸螺栓的安装，应严格按照要求分步进行拉伸，并保证每个螺栓使用最终拉伸力拉伸两次；最终拉伸完成后 24h 内对拉伸螺栓进行抽检，抽检比例为 20%，抽检预紧力为最终拉伸力。如果有一个螺栓在抽检拉伸时出现转动角度大于 20° 的现象，要将整圈螺栓重新拉伸，直到抽检合格为止。

项目二 风力发电机组的车间装配与调试

 项目导读

　　风力发电机组是大型机械，不可能整机在车间全部安装后再发运至风电场，而是先在车间把部件进行组装，单独发运。

　　本项目以2.0MW双馈异步风力发电机组部件在车间的装配为主要内容，包括轮毂总成、机舱总成以及电气部分的装配。而叶片、塔筒直接由供应商发运至风电场进行吊装。部件每一个步骤的装配按项目一的要求进行，装配所用到的设备、工具、器具等都有相应的规定。

 项目目标

1. 知识目标

1) 能看懂轮毂总成、机舱总成的装配图。
2) 能看懂风力发电机组各电气部分的原理图。
3) 了解轮毂总成、机舱总成的装配工艺及安装注意事项。
4) 了解车间电气装配的注意事项。
5) 熟悉风力发电机组装配过程中所用到的设备、工具、器具。
6) 掌握风力发电机组装配过程和调试项目。

2. 技能目标

1) 能识读风力发电机组部件装配图及电气原理图。
2) 能识读车间作业指导书。
3) 能熟练运用设备、工具、器具进行装配。
4) 能确定风力发电机组的调试项目。
5) 能够根据装配工艺要求，做好装配前的准备工作。

3. 素养目标

1) 重视设备及人身安全。
2) 热爱本职工作，工作态度积极主动，工作中乐于奉献、不怕吃苦。
3) 形成质量意识、团队意识和创新意识；具有爱岗敬业、诚实守信等良好品质。
4) 良好的工作习惯，如认真严谨、安全操作、善始善终、爱护工具及其他维护用品。
5) 勤学好问，不断提高自身的综合素质。

任务一 车间轮毂总成装配与调试

一、轮毂装配质量控制点

1）轮毂与变桨轴承联接螺栓的紧固力矩为2220N·m。

2）变桨减速机联接螺栓的紧固力矩为220N·m。

3）齿轮啮合的标准侧隙为0.42~0.70mm。

4）变桨减速机润滑油的检查（在装配前减速机处于齿轮朝下的竖直状态时，从油窗处查看，若内部能看到气泡则表示油位正常，无气泡需放油、无油需加油）和变桨轴承滚道润滑脂的检查（打开注油口堵头，观察内有润滑脂即可）。

5）轮毂安装轴承处的止口尺寸应为ϕ2410H8。

6）变桨轴承外径尺寸应为ϕ2410h9。

7）轮毂与主轴连接面止口尺寸应为ϕ1400H8。

8）变桨减速机安装位的直径为ϕ250H7。

二、轮毂总成装配

1. 装配前准备

1）将轮毂吊装到枕木上，保证轮毂与主轴安装面朝下放置（见图2-1）。

2）用抹布蘸清洗剂TRUNP HP755清理各安装孔（整流罩前支架孔、叶片锁定装置的螺纹孔、变桨轴承的安装螺纹孔、变桨减速机安装孔、变桨控制系统箱体安装螺纹孔等）；用扁铲清理安装连接表面的临时防腐层，再用清洗剂TRUNP HP755清洗安装面，然后用抹布擦净或用高压气枪吹干，保证安装面和安装孔清洁无油。

图2-1 轮毂

2. 变桨轴承装配

1）当变桨轴承内圈高于外圈时，在变桨轴承外圈零位点对应孔位开始计数1，顺时针方向数到第19个孔对应的内圈孔位安装变桨轴承吊装工装，用5t×2m环形吊带将轴承吊起，移动起重机使轴承与轮毂安装位置接近（见图2-2）。

2）保证轴承外圈零位点与轮毂零位点对齐并对准止口（见图2-3），在轮毂叶片安装面上、下、左、右各5个螺纹孔位置用螺栓M36×280、平垫圈36连接，用气动扳手（力矩值约为600N·m）、55mm外六角套筒头交叉对称拧紧。

3）卸去吊具和吊带。

4）将剩余的螺栓全部拧入后，用气动扳手拧紧，最后用力矩扳手拧至 1110N·m，预留出安装左、右整流罩后支撑的各 5 个螺纹孔，留出的孔组之间相隔 13 个螺栓，且以变桨轴承外圈零位点对应孔位开始数，逆时针方向数到第 19 个孔位为最低螺纹孔左右对称。

图 2-2　变桨轴承吊装

图 2-3　变桨轴承零位点

3. 安装叶片锁定装置

1）将 5 个螺栓 M20×70 放入叶片锁定装置底板 5 个长条孔中，用两个螺纹衬套紧固底板，并用气动扳手加 M65 专用套筒头拧紧（保证拧紧力矩不低于 600N·m）。

2）装入叶片锁定块，并用法兰面螺母 M20 分别联接到 5 个螺栓 M20×70 上，再用气动扳手加 30mm 套筒头拧紧（力矩值约 250N·m）。同时，叶片锁定块与变桨轴承内齿圈间的最小距离大于 20mm。

3）按此方法安装另外两套叶片锁定装置（见图 2-4）。

图 2-4　叶片锁定装置

4. 安装变桨减速机

1）用两根 2t×3m 圆形吊带锁吊一个变桨减速机（见图 2-5），从顶部孔进入轮毂内（见图 2-6），在变桨减速机与变桨轴承啮合处的对面偏左或偏右有 4～5 个孔，然后用 4 个衬套 E26×35、4 个螺栓 M16×115、4 个平垫圈 16 连接紧固。

2）用变桨齿隙调整手柄转动变桨减速机，调整变桨减速机驱动齿轮与变桨轴承啮合侧隙在 0.42～0.70mm 范围内。若偏大则拆掉 4 个螺栓，再用齿隙调整手柄转动变桨齿轮箱使 E 点靠近啮合处，用螺栓固定后再进行测量，偏小则远离啮合处。啮合要求：齿面啮合接触痕迹（齿面防腐涂层磨损痕迹）均匀，长度方向（齿宽方向）不小于 40%，高度方向（齿高方向）不小于 30%。

注意：测量侧隙时的测量深度（齿宽方向）不小于齿宽的 80%。

3）齿隙调整完成，安装余下的 20 个衬套 E26×35、20 个螺栓 M16×115、20 个平垫圈 16，对称交叉将螺栓用气动扳手预紧（力矩值约 110N·m），然后用力矩扳手拧至 220N·m。

4）按此方法安装另外两个变桨减速机。

图 2-5　变桨减速机的吊装

图 2-6　变桨减速机的安装

5. 安装中控箱底板

将中控箱底板从轮毂侧面的椭圆孔抬入，平放在安装位置（见图 2-7）。

6. 安装中控箱

1）用 2t × 5m 三爪吊带将中控箱按正确安装位置（正面朝上的方向）锁住，注意应从顶部孔吊入（见图 2-8），平放在中控箱安装支架上，再用三爪吊带锁住中控箱安装支架连同中控箱水平吊起，将中控箱与安装支架螺栓紧固。

图 2-7　中控箱底板安装

2）将中控箱连同底板一起吊放在安装位置（保证中控箱接地柱靠近轮毂底部 M8 的接地螺纹孔），用 6 个变桨弹性支撑、螺栓 M16 × 100、平垫圈 16 连接，用 24mm 呆扳手紧固，再用力矩扳手拧至约 150N·m，完成后卸去吊带（见图 2-9）。

图 2-8　吊装中控箱

图 2-9　安装中控箱

7. 安装轴控箱（含蓄电池）

1）先将轴控箱与轴控箱安装支架用螺栓联接紧固，然后将轴控箱装配体与轴控箱装配工装预装在一起。

2）用两根 2t×10m 圆形吊带、轴控箱装配工装将一个轴控箱连同安装支架从轮毂侧孔吊至轮毂内，在每个轴控箱安装孔（共 6 个）垫一个弹性支撑，用螺栓 M16×100、平垫圈 16 固定，然后用力矩扳手拧至 150N·m（见图 2-10）。

3）按此方法安装另外两个轴控箱（注意轴控箱编号顺序）。

注意：M16 螺栓要涂抹螺栓润滑剂。

8. 安装变桨电动机

用 2t×5m 三爪吊带将一个变桨电动机从轮毂顶部孔吊入，与变桨减速机连接（电动机接线盒朝向见图 2-11），用 12 个螺栓 M12×40、12 个弹簧垫圈 12、12 个垫圈 12 连接，用 19mm 呆扳手拧紧，参考力矩为 76N·m。

依此方法安装其他两个变桨电动机（变桨电动机编号与图 2-11 中安装变桨电动机轴控箱编号要一一对应）。

图 2-10　吊装轴控箱

图 2-11　安装变桨电动机

9. 变桨轴承紧固

1）用液压扳手和 55mm 外六角套筒头将变桨轴承外圈的螺栓拧至 2220N·m。

2）在变桨轴承外圈与轮毂连接处涂抹道康宁 7097 密封胶，要求胶条均匀、连续、平整（见图 2-12）。

图 2-12　涂抹密封胶

10. 安装防雷支架

1）将防雷弧形板放置到与轴承内圈相应的安装位置上，保证弧形板带圆孔的一端远离变桨轴承内圈零点位置，用 9 个内六角圆柱头螺钉 M6×12、9 个平垫圈 6 和两个内六角圆柱头螺钉 M8×16、两个平垫圈 8 连接到轴承内圈上（见图 2-13）。从圆孔一侧开始紧固，保证弧形板与轴承内圈贴合。

2）用两个内六角圆柱头螺钉 M8×16、两个平垫圈 8 将防雷引线支架穿过弧形板一端的长条孔安装到轴承内圈上，保证引线支架的小耳朵朝向外侧（见图 2-14）。

注意：所有螺钉均涂抹乐泰 243 螺纹锁固胶。

3）在图 2-14 所示的引线支架处安装一个螺栓 M10×30、两个平垫圈 10、一个弹簧垫圈 10、一个六角螺母 M10，不拧紧。在另外两个引线支架处以同样的方法安装。

图 2-13　防雷弧形板的安装

图 2-14　防雷引线支架的安装

11. 安装指针和撞块

1）轮毂零位点（轮毂缺口）为叶片零位标识对应点（见图 2-15）。

2）将变桨轴承外圈安装指针处的两个堵头取下，把指针安装到此位置（使用直角尺使指针一头尖角正对指向轮毂的缺口处），每个孔用内六角圆柱头螺钉 M8×16（涂乐泰 243 螺纹锁固胶）、平垫圈 8、弹簧垫圈 8 将其固定，并用 6mm 的内六角扳手将其拧紧。

3）在变桨轴承内圈上的两个孔上安装撞块，每个孔用内六角圆柱头螺钉 M8×16、平垫圈 8、弹簧垫圈 8 将其加以固定，在对轮毂进行调试的过程中由调试人员在螺钉上涂乐泰 243 螺纹锁固胶，并用 6mm 的内六角扳手将其拧紧（见图 2-16）。

4）依此方法将其余两套变桨轴承上的指针和撞块安装到位。

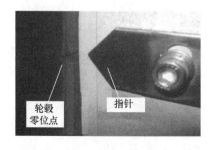
图 2-15　指针位置

图 2-16　撞块位置

12. 轮毂运输工装安装

1）将轮毂吊装到专用工装（轮毂过丝放置架）上，用 M42 丝锥清理轮毂底部与主轴对接的螺纹孔，用抹布蘸清洗剂 TRUNP HP755 清理孔内的杂质和油污，并用高压气枪吹干，然后喷涂万能防锈油 WD-40 进行防腐处理。

2）确认轮毂底侧孔（ϕ14mm、深5mm）位置，并在此孔对应的轮毂外侧面用黄色油漆画出一条长 100mm、线宽 5 ~ 10mm 的竖直线标识（保证标识清晰且不易掉落），见图 2-17。

图 2-17　运输工装安装

3）在轮毂运输架上铺一层塑料薄膜，在薄膜上将需要安装工装螺栓的孔切出（见图2-17）。

4）将轮毂吊起放置在轮毂运输架上，用气动扳手加 65mm 套筒头将 16 个工装螺栓 M42×140、平垫圈 42、弹性垫圈 42 拧紧。

注意： M42×140 工装螺栓螺纹要涂抹螺栓润滑剂。

13. 检查和清理

安装完毕后，检查零部件，对损伤的、裸露的涂层及未用的孔按要求进行作业，有力矩要求的螺栓防腐后用红色油漆笔做好防松标记。

三、整流罩装配

整流罩的装配在轮毂总成安装完成后进行。

1. 整流罩装配质量控制点

1）整流罩叶片出口与变桨轴承的同轴度公差为 ϕ15mm，整流罩底孔与轮毂底孔同轴度公差为 ϕ15mm。

2）整流罩前支撑连接螺栓的紧固力矩为 400N·m，整流罩后支撑的紧固力矩为2220N·m。

3）保证装配孔位置密封，不得有泄漏。

4）涂密封胶前应去除涂覆表面的油污、灰尘、杂质，不能漏涂，涂抹后的密封胶 24h 内不能沾水或淋雨。

2. 整流罩装配过程

（1）喷涂编号　分别在整流罩、整流罩顶盖内壁上喷涂整机编号，编号为黑色字体，字高为 55mm，字间距为 10mm，字体颜色为红色，整流罩编号的喷涂位置为两相邻叶片口内侧中间靠底处（见图 2-18）。整流罩顶盖编号的喷涂位置在顶盖内壁中心位置（见图 2-19）。

图 2-18　整流罩喷涂编号

图 2-19　整流罩顶盖喷涂编号

（2）安装整流罩后支撑　将整流罩一个后支撑与轮毂上的安装孔连接，用 5 个螺栓 M36 × 300、5 个垫圈 36 将其固定，用气动扳手拧紧（力矩值约 600N·m），依此方法安装另外 5 个支座，然后用液压扳手将螺栓先拧至力矩 1110N·m，再拧至力矩 2220N·m（见图2-20）。

注意： M36 螺栓螺纹涂抹螺栓润滑剂。

（3）安装叶片过渡法兰

1）用清洗剂 TRUNP HP755 清理变桨轴承、叶片过渡法兰的安装面及 M16 安装孔，保证安装面及孔内清洁无油。

图 2-20　整流罩后支撑

2）使用一根 2t × 5m 吊带、2t 卸扣和 M24 吊环螺钉起吊叶片过渡法兰 0°标示位置的吊装孔，将叶片过渡法兰吊至靠近变桨轴承安装面，扶稳过渡法兰缓慢移动起重机，使变桨轴承内圈上的 0°标示位置同叶片过渡法兰上的 0°标示位置对齐后，用 M36 螺栓加以固定，缓缓将叶片过渡法兰靠在变桨轴承上（见图2-21）。

3）使用 6 个内六角圆柱头螺钉 M16 × 110 从下至上将叶片过渡法兰同变桨轴承联接起来（螺栓涂抹乐泰 243 螺纹锁固胶），取下吊带。

4）将叶片过渡法兰同变桨轴承联接用的内六角圆柱头螺钉 M16 × 110 拧紧。从靠近零位标示的联接螺栓开始，对称交叉将内六角圆柱头螺钉 M16 × 110 拧紧，力矩值为 140N·m（见图 2-22）。

图 2-21　吊装叶片过渡法兰

图 2-22　叶片过渡法兰

提示：叶片过渡法兰的安装在不影响整流罩后支撑装配的情况下，可以在整流罩后支撑安装前进行。

（4）安装整流罩前支架

1）用一根 $2t \times 5m$ 三爪吊带将整流罩前支架吊至轮毂上方并缓慢下降，对准孔位（见图2-23）。

2）用24个螺栓 $M20 \times 60$ 和24个垫块将整流罩前支架与轮毂连接固定，卸去吊带，再用力矩扳手先拧至力矩 $200N \cdot m$，再拧至力矩 $400N \cdot m$。

3）若需要装配变桨轴承集中润滑系统，则需要预留相应安装孔位。

图2-23　整流罩前支架

（5）安装油嘴及集油瓶（装集中润滑系统时无此项）

1）取下变桨轴承上的 $M10 \times 1.0$ 堵头，然后用17mm呆扳手将 $M10 \times 1.0$ 油嘴安装上去。

2）将 $M14 \times 1.5$ 堵头去掉，将集油瓶按照图2-24所示安装位置进行安装并拧紧。具体操作方法是：按照图2-25所示将零件2、3按照顺序装配到 $M14 \times 1.5$ 的轴承排油口上，并将零件3拧紧（拧紧力矩为 $25N \cdot m$），然后将零件4~6的集油瓶体拧到零件1瓶盖上。

注意： 安装油嘴及集油瓶时要涂抹乐泰密封胶。

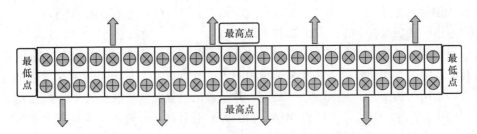

图2-24　集油瓶安装示意图

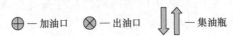

⊕—加油口　⊗—出油口　⇅—集油瓶

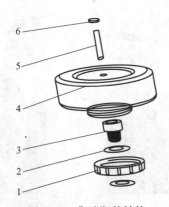

图2-25　集油瓶的结构

1—瓶盖　2—垫圈　3—螺栓　4~6—瓶体

（6）起吊整流罩到位

1）用 3 根吊带将整流罩水平起吊至轮毂正上方，缓慢下降，避免固定支架刮伤整流罩，整流罩叶片口应与变桨轴承位置相对应。

2）用 3 个千斤顶或手动叉车加枕木将整流罩支起，让整流罩处于水平状态。

3）放置好整流罩，借助叶片口同轴度对工装（钢管）进行调整，保证整流罩叶片口与变桨轴承的同轴度误差不大于 15mm（即过同一直径的圆周上两个点与同轴度调整工装间隙之差不大于 15mm），整流罩底孔与轮毂底孔同轴度误差不大于 15mm（见图 2-26）。

图 2-26　调整安装整流罩

4）将整流罩易踩踏处使用塑料薄膜包好或垫加橡胶垫。

（7）连接整流罩前支架与固定支座　将固定支座与整流罩贴紧（见图 2-27），用两个螺栓 M16×80、4 个平垫圈 16、两个锁紧螺母 M16 将固定支座与整流罩前支架拧紧。依此方法交叉对称安装好另外 5 个固定支座。

（8）连接整流罩后支撑与固定支座　将固定支座与整流罩贴紧，用两个螺栓 M16×80、4 个平垫圈 16、两个锁紧螺母 M16 将固定支座与一个后支座拧紧。依次交叉对称地安装好另外 5 个固定支座（见图 2-28）。

图 2-27　整流罩前支架与固定支座连接

图 2-28　整流罩后支撑与固定支座连接

（9）整流罩与固定支座连接

1）用手电钻由内向外配钻 4 个 φ11.5mm 的通孔，此时整流罩不得有颤动和偏移（见图 2-29）。用 4 个螺栓 M10×70、4 个大垫圈 10（与整流罩连接）、4 个平垫圈 10、4 个锁紧螺母 M10 将整流罩与固定支座连接固定。依次交叉对称连接其他 5 个固定支座。复查整流罩安装定位尺寸在要求的范围内，最后用气动扳手将螺栓拧紧。

2）在整流罩上配钻与整流罩后支撑连接的固定支座安装孔（用手电钻由内向外配钻 4 个 φ11mm 的通孔，见图 2-30），用 4 个螺栓 M10×70、4 个大垫圈 10（与整流罩连接）、4

个平垫圈 10、4 个锁紧螺母 M10 联接并拧紧。复查确认整流罩安装定位尺寸在要求的范围内，最后用气动扳手将螺栓拧紧。依次交叉对称连接其他 5 个固定支座。

图 2-29 整流罩前支架处配钻通孔

图 2-30 整流罩后支撑处配钻安装孔

（10）打硅酮密封胶

1）清洁整流罩外表面的螺栓头及附近区域表面，涂抹白色道康宁 7097 密封胶并圆整密封胶外形。

2）针对分体式整流罩，安装完成后要在接缝处涂抹道康宁 7097 密封胶。

注意：涂胶时要求大小均匀，表面造型圆滑流畅（见图 2-31）。

（11）检查、清理、防腐修补及粘贴标识　安装完毕后，检查零部件，对损伤的、裸露的涂层及未使用的安装孔按要求进行作业，对有力矩要求的螺栓防腐后用红色油漆笔做好防松标记。按照要求对标识进行张贴。

涂耐候性
硅酮密封胶

图 2-31 硅酮密封胶圆整后的外观

四、变桨集中润滑系统装配（选装）

变桨集中润滑系统分为变桨轴承滚道集中润滑系统和变桨轴承齿面集中润滑系统。变桨轴承滚道集中润滑系统由润滑泵、1 个 1 级分配器、3 个 2 级分配器及管路组成，其工作原理如图 2-32 所示；变桨轴承齿面集中润滑系统由润滑泵、1 个一进三出分配器及管路组成，其工作原理如图 2-33 所示。

1. 安装前的确认

安装之前确认油泵没有任何电源供给。

2. 安装时应注意的事项

1）用专用的注脂机从注脂口将油脂注至泵体标注的最高线处（不能超过最高线）。需特别注意，压盘式润滑油泵注脂时将泵体直立放置，当压力盘即将到达最高线时将排气口朝上倾斜 30° 左右，使泵体油脂腔中的气体排干净，防止后期油泵工作时不出油和报警（见图 2-34）。

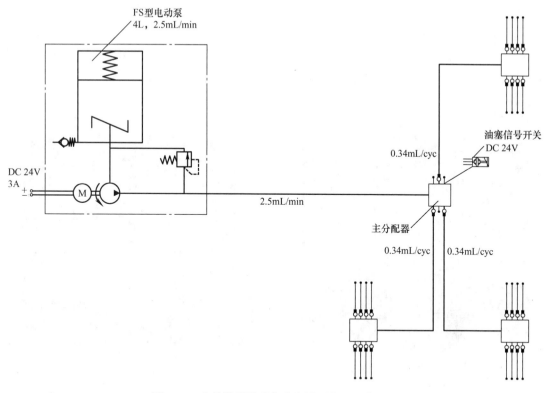

图 2-32　变桨轴承滚道集中润滑系统的工作原理

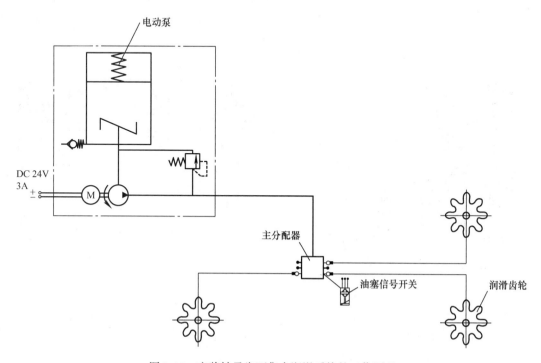

图 2-33　变桨轴承齿面集中润滑系统的工作原理

2）变桨集中润滑系统需要在整流罩前支架安装完成后、整流罩安装之前进行。

3. 变桨轴承滚道集中润滑系统的安装

1）找到整流罩前支架安装时预留出的两个螺栓孔位（在1号和3号轴控箱夹角正上方），用两个整流罩前支架安装螺栓将变桨齿面集中润滑泵紧固（此处不加方垫片），力矩为400N·m（见图2-35）。

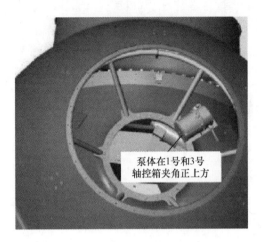

图2-34　变桨集中润滑油泵　　　　　　图2-35　集中润滑油泵安装位置

2）油泵电缆从轮毂侧孔（加缠绕管保护，见图2-36）穿入轮毂内部沿变桨减速机电动机电缆绑扎至中控箱。

3）在每个变桨轴承正上方的整流罩前支架上安装2级分配器支架，安装螺栓力矩值为400N·m（见图2-37）。

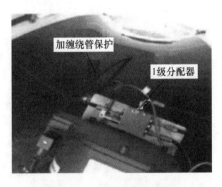

图2-36　1级分配器安装位置　　　　　　图2-37　2级分配器安装位置

4）用6个内六角圆柱头螺钉M6×45、12个平垫圈6、6个锁紧螺母将3个2级分配器预装到分配器支架上（见图2-38）。

5）在每个变桨轴承的进出油口以对应的2级分配器为中心，左、右各安装4个润滑点和4个集油壶，见图2-39和图2-40。

6）未安装润滑点、集油壶、管夹的油孔要装配油嘴或堵头。

注意：以上安装用固定螺栓必须涂抹螺纹锁固胶（乐泰243），油管接头必须涂抹密封胶（乐泰569）；安装完成后要进行泵油测试。测试方法是：在每个变桨轴承上选择长度最长的加油管拧开，然后连接电源进行泵油观察，若各连接处无漏油现象且拧开的加油管有油脂溢出即安装合格。

4. 变桨轴承齿面集中润滑系统的安装

1）找到整流罩前支架安装时预留出的两个螺栓孔位（在1号和2号轴控箱夹角上方），用两个整流罩前支架安装螺栓将变桨齿面集中润滑泵紧固（此处不加方垫片），力矩为400N·m（见图2-41）。

2）油泵电缆与变桨轴承滚道润滑电缆一样，从同一个轮毂侧孔穿入轮毂内部沿变桨减速机电动机电缆绑扎至中控箱。

3）3条润滑管路分别从对应的轮毂侧孔穿入轮毂

图 2-38　管路走向及捆绑示意图

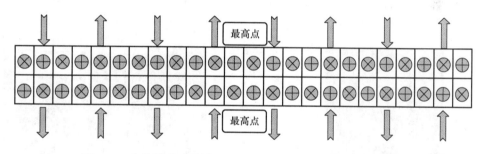

图 2-39　变桨轴承（单排24油口）展开后集中润滑安装示意图

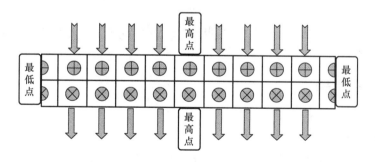

图 2-40　变桨轴承（单排10油口）展开后集中润滑安装示意图

内部，沿电缆支架连接到润滑齿轮上，使用 M5 的螺钉、管夹对管路进行固定，见图 2-42 和图 2-43。

4）用两个 M10 螺栓将一个润滑小齿轮安装到轮毂上（见图 2-44），调整侧隙为 1 ～ 2mm 后将螺栓拧紧。

用相同的方法安装另两个润滑小齿轮。

注意：安装固定螺栓时必须涂抹螺纹锁固胶（乐泰 243），安装油管接头时必须涂抹密封胶（乐泰 569）；安装完成后要进行泵油测试。测试方法是：连接电源进行泵油观察，若各连接处无漏油现象且润滑小齿轮有油脂溢出即安装合格。

图 2-41　齿面润滑油泵安装位置

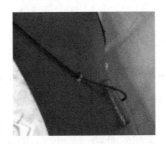

图 2-42　齿面集中润滑管路走向（1）

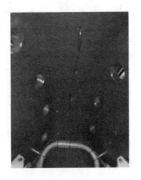

图 2-43　齿面集中润滑管路走向（2）

图 2-44　齿面润滑系统小齿轮安装

任务二　车间机舱总成装配与调试

一、传动系统装配

1. 主轴总成装配质量控制点

1）主轴前轴承安装处的尺寸应为 $\phi750p6$。

2）主轴后轴承安装处的尺寸应为 $\phi600p6$。

3）前轴承座内孔的尺寸应为 $\phi1000F7$。

4）后轴承座内孔的尺寸应为 $\phi870H7$。

5）轴承加热温度为 120℃（严禁超过 120℃），内挡圈加热温度为 110℃，轴承座加热温度为80℃。

6）各加热件装配后必须随环境温度自然冷却，不可采取吹风扇等辅助降温措施。

7）锁紧螺母紧固螺钉需降至室温后再拧紧，拧紧力矩为460N·m。

8）为防止烫伤，对加热零部件进行操作时务必佩戴隔热手套。

2. 主轴总成装配过程

（1）装配前准备

1）将两个旋转吊环（或主轴小端吊具）安装在主轴小端吊装孔上，在大端面处安装主轴翻转工装（安装孔位选择：当小端的两个吊装孔处于水平状态时，选择处于主轴大端最高位置的4个孔），用两根20t×4m吊带、一个25t弓形卸扣，将主轴吊起并翻转至竖立状态，拆掉主轴翻转工装，将主轴大法兰朝下放置在铺有胶皮的水平地面上（见图2-45）。

2）用4根M24专用螺杆将主轴上的锁紧螺母松掉，使用2t×5m三爪吊带将锁紧螺母卸下（不可两个锁紧螺母同时起吊）。

3）将主轴、轴承座、端盖安装面及安装孔用抹布蘸清洗剂TRUNP HP755清理干净，并用高压气枪吹干，以保证清洁无油。

注意： 主轴与轴承、齿轮箱配合面需用无尘布进行擦拭。

4）将端盖与轴承座试配（保证4个泄油口在下），并做好试配标记，以确保端盖与轴承座能正常装配。

（2）安装主轴锁定盘组件　用5t×5m三爪吊带将主轴锁定盘组件吊起，清理与主轴安装的表面后将锁紧盘套入主轴（锁紧盘衬套内表面和与主轴连接的φ45mm孔内的杂质、油漆需清理干净），对准固定孔，用6个螺栓M16×80、6个平垫圈16连接，并用手动力矩扳手先拧至100N·m，后拧至210N·m（见图2-46）。

注意： M16螺栓涂抹螺栓润滑剂。

图2-45　翻转主轴

图2-46　安装主轴锁定盘

（3）安装径向密封圈750、750轴承盖　依次用S形吊钩和2t×5m三爪吊带将径向密封圈750（油封有钢丝弹簧的一侧唇口朝上）、750轴承盖（油漆面朝下）缓慢套进主轴（见

图 2-47）。

注意：套入油封前需要确认油封弹簧完全嵌入到沟槽底部且均匀分布，不允许出现由于弹簧受力不均而导致弹簧部分翘起的情况。套入后用橡胶板（厚度不小于 10mm）将径向油封同 750 轴承盖隔开，避免油封受损。

（4）安装 750 轴承前挡圈　用无尘布及清洗剂 TRUNP HP755 清理挡圈安装面，保证清洁无油。

将 750 轴承前挡圈放到感应加热器上并加热到 110℃，用 3 个 M12 吊环和 5t×5m 三爪吊带将其吊起，检查与确保安装面清洁后水平套进主轴，检查内挡圈和主轴轴肩之间的间隙，要求贴实部分不小于圆周的 2/3，局部间隙不大于 0.1mm（后面装配挡圈、轴承时要求同此），卸下吊环和吊带（见图 2-48）。

图 2-47　安装径向密封圈 750、750 轴承盖

图 2-48　安装 750 轴承前挡圈

（5）涂抹平面密封胶　在 750 轴承前挡圈的上端面上连续、均匀地涂抹一圈平面密封胶，胶条直径为 1~2mm（见图 2-49）。

注意：与密封胶接触的两个面需使用清洗剂 TRUNP HP755 进行清理，以保证无油。

（6）安装主轴轴承 239/750

1）在装配前用清洗剂 TRUNP HP755 和无尘布清理轴承 750 装配面和外圈表面，保证清洁无油，再用两个轴承 750 起吊夹 180° 位置将轴承 750 外圈夹好并锁紧，保证外圈上的标记端朝上（见图 2-50）。

2）将轴承 750 吊放在感应加热器上加热，保证轴承内圈温度达到 120℃ 且保证内外圈的温差不超过 30℃（可使用保温工装保证温差），夏天循环加热 3 次，冬天循环加热 4 次。

3）用 5t×5m 三爪吊带将加热好的轴承平稳起吊套进主轴（落下配合前使用测温笔测量内圈端面温度，保证温度高于 90℃ 时方可进行装配），两人站在主轴安装平台上，戴好干净隔热手套扶稳轴承，地面上也要有人戴好干净隔热手套扶好轴承，使其顺利下降。当下降到与主轴配合位置时，要迅速、准确地将轴承安装到位，确保轴承端面紧贴在内挡圈上（见图 2-51）。

注意：安装轴承时要一次装配到位，如果中途发生卡滞，应立即停止并及时吊出轴承，查明原因后再重新加热装配。为方便装配，套轴承前可在主轴的轴承安装圆周面上涂抹适量润滑油。

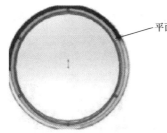

平面密封胶

图 2-49　涂胶（一）

图 2-50　夹持轴承 750

图 2-51　安装轴承 750

（7）涂抹平面密封胶　在 750 轴承内圈上端面（750 轴承后挡圈的安装面）上均匀、连续涂抹一圈平面密封胶，胶条直径为 1～2mm（见图 2-52）。

注意：与密封胶接触的两个面需使用清洗剂 TRUNP HP755 清理，以保证清洁无油。

（8）安装 750 轴承后挡圈　用无尘布及清洗剂 TRUNP HP755 清理安装面，以保证清洁无油。

将 750 轴承后挡圈吊放到感应加热器上，加热到 110℃后用 3 个 M12 吊环和 2t×5m 三爪吊带将其吊起，检查并确保安装面清洁后水平套进主轴并安装到位，端面要紧贴轴承 750 内圈（见图 2-53）。

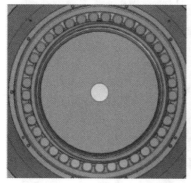

图 2-52　涂胶（二）

图 2-53　安装 750 轴承后挡圈

挡圈安装完毕后将轴承用干净的无尘布进行防护，防止杂质掉落到轴承滚道内。后轴承组件安装时也按此要求执行。

（9）安装锁紧螺母 750

1）用气枪、毛刷、清洗剂 TRUNP HP755 清理锁紧螺母内螺纹及外表面，不得有金属屑、沙粒等杂质。

2）用 2t×5m 三爪吊带将锁紧螺母 750 起吊并套进主轴，起吊一定要平，落到螺纹处后卸去吊带，起始时左旋一圈，然后平稳地右旋锁紧螺母，直到锁紧螺母端面紧贴 750 轴承后挡圈，再用 4 根加长套管辅以铜棒同步对称敲击锁紧螺母上端面，将其旋紧（见图 2-54）。

3）使用测温枪进行测温。在加热件温度降至 80℃、50℃及室温时分别旋紧锁紧螺母 750，然后用 8 个内六角圆柱头螺钉 M20×45 紧固，再用机械力矩扳手交叉对称拧至力矩为 460N·m，卸下安装螺杆（见图 2-55）。

注意：安装主轴锁紧螺母时在主轴配合螺纹上均匀涂抹防锈油（或主轴润滑脂），以防止螺牙锈蚀；安装内六角圆柱头螺钉 M20×45 时，必须在螺纹和螺钉头支撑面上涂抹润滑剂。

图 2-54　安装锁紧螺母 750

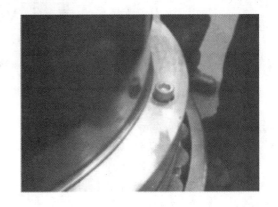

图 2-55　安装内六角圆柱头螺钉

（10）轴承座 239/750 和带工装螺栓的 750 轴承盖的预装

1）将 M36 吊环旋入轴承座吊装孔，在轴承座固定孔（内侧一排孔的中间一个孔）左右各安装一个轴承座 750 水平起吊工装。用 5t×5m 三爪吊带将轴承座 750 水平吊放到感应加热器上，均匀加热到 80℃，循环加热两次（见图 2-56）。

注意：加热器的探头布置在壁厚较大且靠近内孔壁 20mm 的位置。

2）在 750 轴承盖内侧 3 个 M16 螺纹孔上分别安装带螺母的工装螺栓 M16×80，保证工装螺栓端面到 750 轴承盖安装法兰面距离为 35mm±0.1mm，并用螺母锁紧，防止工装螺栓松动（此时轴承座 750 组件不含径向油封）。

图 2-56　加热轴承座 750

3）在轴承座 750 的上端面（750 轴承盖的安装面）上均匀、连续地涂抹一圈平面密封胶（平面密封硅胶 1587），胶条直径为 1~2mm（见图 2-57）。

注意：与密封胶接触的两个面需使用清洗剂 TRUNP HP755 进行清理，以保证无油清洁。

4）用 S 形吊钩和 2t×5m 三爪吊带将预装好工装螺栓的 750 轴承盖安放在轴承座 750 上，对准固定孔，两个长条排脂孔位于轴承座工作状态时的下方（此时 750 轴承盖内侧的一个 M16 螺纹孔位于最高位置），用螺栓 M16×45、平垫圈 16 将其与轴承座连接，用力矩扳手交叉对称拧至力矩为 210N·m（见图 2-58）。

注意：M16 螺栓涂抹螺栓润滑剂。

图 2-57　涂胶（三）　　　　　　　　　　　　图 2-58　750 轴承盖安装示意图

（11）安装轴承座 239/750

1）待轴承温度降至 50℃ 以下时，将预装好 750 轴承盖的轴承座 750 吊起，起吊时保证轴承座水平（见图 2-59）。

2）将轴承座缓慢套进主轴，待接近轴承时拨动轴承外圈，使其中一个孔与轴承座上的注脂孔位置相对应，同时要求轴承外圈不要歪斜（见图 2-60）。

3）当套上轴承时边降落边小幅度来回旋转，使轴承座快速、准确地安装到位。

4）当轴承座安放到位后，轴承座 750 的重量完全依靠 750 轴承盖上的 3 个工装螺栓支撑在主轴轴承外圈上。

5）将密封圈 750 套进主轴。

注意： 密封圈有钢丝弹簧一侧唇口朝下。

图 2-59　起吊轴承座 750

图 2-60　安装轴承座 750

（12）安装轴承座 750 前端端盖、密封圈、油封压板及工装螺栓

1）在 750 轴承盖的端面（与轴承座配合面）上均匀、连续地涂抹一圈平面密封胶（硅胶天山 1587），胶柱直径为 1~2mm，要求涂抹在轴承盖安装孔的内侧。

注意： 与密封胶接触的两个面需使用清洗剂 TRUNP HP755 进行清理，以保证无油清洁。

2）待轴承座 750 温度降至室温，将轴承座 750 下方的 750 轴承盖用专用工装抬起，对准固定孔，两个长条排脂孔位于轴承座工作状态时的下方（此时 750 轴承盖内侧的一个 M16 螺纹孔位于最高位置），用螺栓 M16×45、平垫圈 16 将其与轴承座连接，用力矩扳手交叉对称拧至力矩为 210N·m（见图 2-61）。

注意： M16 螺栓涂抹螺栓润滑剂。

3）在径向油封唇口均匀涂抹主轴轴承润滑油脂，将径向油封安装到下方 750 轴承盖的卡槽内。

4）依次安装一个 750 右排脂孔压板、两个 750 油封压板。具体操作方法是：在保证排脂管与端盖上的排脂孔位置重合的前提下，将 750 右排脂孔压板上的安装孔对准 750 轴承盖内圈上方的螺纹孔，然后依次按照图示安装两个 750 油封压板，并用螺栓 M8×25、平垫圈 8 和弹簧垫圈 8 加以紧固。

5）在 750 轴承盖上安装 3 个工装螺栓 M16×80，使工装螺栓抵住轴承外圈（使用呆扳手轻轻拧紧即可，切勿用力顶轴承外圈），并用螺母锁紧。

（13）用前轴承拉紧装置定位轴承座 750

1）在主轴锁紧盘上间隔 3 个叶轮锁定孔的位置安装两个前轴承拉紧装置的下半部分。

注意： 拉紧装置安装位置的连线要与主轴上两个 M56 吊装孔连线平行。

2）使用千斤顶将轴承座两侧分先后稍稍顶起，分别塞入拉紧装置的垫块，然后完成前轴承拉紧装置的安装，并拧紧拉紧装置上的螺母，以防止轴承座倾斜（见图 2-62）。

图 2-61　安装 750 轴承盖

图 2-62　安装前轴承拉紧装置

（14）安装轴承座 750 后端轴承盖、密封圈、油封压板及工装螺栓

1）拆掉轴承座 750 后端轴承盖上的工装螺栓。

2）在径向油封唇口均匀涂抹主轴轴承润滑油脂，托起油封盖板，将径向油封安装到 750 轴承盖的卡槽内。

3）依次安装一个 750 左排脂孔压板、两个 750 油封压板。具体操作方法是：在保证排脂管与端盖上的排油口位置重合的前提下，将 750 左排脂孔压板上的安装孔对准 750 轴承盖内圈的螺纹孔，然后依次按照图示安装两个 750 油封压板，并用螺栓 M8×25、平垫圈 8、弹簧垫圈 8 紧固。

4）再次将3个工装螺栓 M16×80 安装到后端750轴承盖上，使工装螺栓抵住轴承外圈，并使用螺母锁紧。安装轴承座750后端组件见图2-63。

（15）安装轴承600及组件 先放置好主轴装配平台，然后依照轴承750及组件的装配方法、技术要求装配轴承600及组件，依次为600油封压板、600右排脂孔压板、径向密封圈600、600轴承前盖、600轴承前挡圈、轴承600（落下前保证主轴承内圈温度高于90℃）、600轴承后挡圈、锁紧螺母600、轴承座600、600轴承后盖及径向密封圈600、600油封压板、600左排脂孔压板及油杯（见图2-64）。

装配中需注意以下几点。

1）径向密封圈有钢丝弹簧一侧唇口的朝向要保持一致，均应朝向轴承位置。

2）油封压板及排脂孔压板安装时按照图2-65、图2-66所示顺序，对准端盖内侧 M16 的油杯安装孔进行安装。

3）将油杯 M16×1.5 及密封垫圈 A16×20 一起安装，油杯安装后的状态为关闭状态，即旋套上的孔与杯体的孔完全不重合（见图2-67）。

注意：风场吊装后将油杯开启，即将旋套和杯体上的孔重合。

4）涂胶位置及要求与750轴承安装时一致。

5）随着热装零部件温度逐渐降低至室温，再次将锁紧螺母750/600上的内六角圆柱头螺钉 M20×45 紧固，用力矩扳手交叉对称拧至力矩为460N·m。安装内六角圆柱头螺钉 M20×45 时，必须在螺纹和螺钉头支撑面上涂抹二硫化钼。

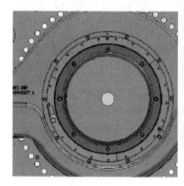
图2-63 安装轴承座750
后端组件

图2-64 安装轴承座600

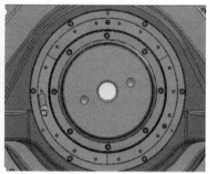
图2-65 轴承及组件
安装（从小端看）

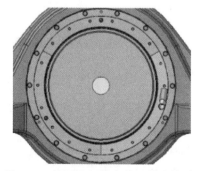
图2-66 轴承及组件安装（从大端看）

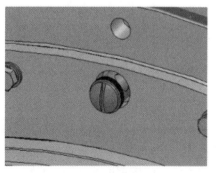
图2-67 油杯安装示意图

（16）安装后轴承拉紧装置　用两个后轴承拉紧装置将两轴承座定位好，防止轴承座歪斜（见图2-68）。

图2-68　安装后轴承拉紧装置

（17）防腐处理　安装完毕后，检查零部件，对损伤的、裸露的涂层及未使用的安装孔按要求进行作业，有力矩要求的螺栓防腐后用红色油漆笔做好防松标记。对挡圈进行防腐时，油漆一定不能粘到油封橡胶件上，以免影响油封使用效果和使用寿命；对主轴部分的防腐处理视具体情况而定。

1）如果主轴及时用于机舱装配，则待主轴与齿轮箱总成在与机座安装后实施防腐处理。

2）如果主轴装配后需搁置时间较长，则在主轴总成与齿轮箱装配完成后实施防腐。

二、主轴总成与齿轮箱装配

1. 主轴齿轮箱总成装配质量控制点

1）齿轮箱伸出端内径 $\phi560H7$、$\phi550H7$ 的测量。

2）主轴伸入端尺寸 $\phi560g6$、$\phi550g6$ 的测量。

3）齿轮箱胀紧套螺栓力矩参照铭牌。

2. 主轴总成与齿轮箱装配过程

（1）将齿轮箱吊运到位并翻转主轴总成

1）将齿轮箱吊放在齿轮箱支架上，同时用水平仪在齿轮箱扭力臂上进行检测，确保齿轮箱前后方向上保持水平（气泡水平仪处于水平时气泡最多偏移两个刻度）。将齿轮箱胀紧套推至靠齿轮箱内侧，齿轮箱和主轴连接到位后要将收缩盘内套的外端面调整至与1级行星架伸出端端面的倒角根部平齐（见图2-69），拧紧后要求胀紧套内圈位置平移变化量（内套只能向齿轮箱侧平移）不超过3mm。

2）在主轴顶端安装好主轴小端吊具，在主轴连接法兰上（轴承座顶部位置）安装主轴翻转吊板，将主轴在空中翻身至水平（见图2-70），翻转过程中防止和地面磕碰，然后将翻转水平的主轴总成放置在主轴总成搁架上。

图2-69 齿轮箱放置

图2-70 翻转主轴总成

（2）安装主轴锁定装置油杯

1）拆掉前轴承拉紧装置，并清理主轴锁定装配安装孔。

2）在轴承座 M10×1 螺纹孔上安装油杯（见图2-71）。

图2-71 安装油杯

（3）安装主轴锁定装置

1）用抹布蘸清洗剂 TRUNP HP755 清理主轴锁定栓及安装孔，然后将主轴锁定栓均匀涂抹适量主轴轴承用润滑脂后插入轴承座安装孔（见图2-72），找正位置后旋入限位螺钉 M16×113（见图2-73）。

图2-72 主轴锁定装置（一）

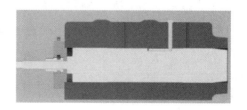

图2-73 安装主轴锁定栓

2）用两个定位销 10m6×40 将内外挡板连接起来，再用 4 个内六角圆柱头螺钉 M16×45（内挡板贴轴承座）将其固定在轴承座 750 上，用机械力矩扳手拧至力矩为 280N·m（M16×45 螺钉涂抹乐泰 243）。

3）在主轴锁定栓上旋入锁定栓螺母，并插上限位板，用内六角圆柱头螺钉 M6×20、平垫圈 6 将限位板链条另一端固定在轴承座上。最后用铜锤将手柄敲入锁定栓安装孔，手柄两端露出长度一致。确认锁定装置滑动顺畅、无阻滞，能正常锁定（见图 2-74）。

图 2-74　主轴锁定装置（二）

4）按此方法安装另一侧主轴锁定装置，完成后不锁主轴，使主轴处于自由状态。

（4）安装准备

1）用抹布和 PVC 管清理齿轮箱、主轴中心孔内的杂质。

2）用无尘布、清洗剂 TRUNP HP755 清洁齿轮箱与主轴配合面（φ560mm、φ550mm 内、外圆柱面），清理齿轮箱通孔上的杂质，确保无油污、杂质，以免影响传递转矩（见图 2-75）。

3）复查主轴和齿轮箱上 φ560mm、φ550mm 尺寸，确保尺寸在合格范围内（尽量采用选配法保证公差超过 0.07mm）。

4）在主轴上距小头端面 310mm、496mm 处，用红色记号笔做上标记线。

注意： 禁止用手触摸主轴小头配合面，需佩戴胶皮手套。

（5）主轴总成与齿轮箱连接

1）需备起吊主轴的一钩挂 1 个 25t 手拉葫芦和 1 根 25t×4m 圆形吊带，其中手拉葫芦与吊钩相连，25t×4m 圆形吊带与靠近轴承座 600 的主轴相连；还需备起吊主轴的另一钩挂 1 根 25t×1m 圆形吊带和 1 个 25t 手拉葫芦，其中 25t×1m 圆形吊带与吊钩相连，手拉葫芦通过一个 25t 的卸扣与主轴大端上的主轴翻转吊板相连；将主轴总成平稳而缓慢地靠近齿轮箱 1 级行星架端面，在距其约 150mm 处停下（见图 2-76）。

图 2-75　主轴清洁

图 2-76　起吊主轴总成

2）通过起重机和手拉葫芦使主轴与齿轮箱内孔保持同轴。将拉杆表面清理干净，然后从主轴端穿入并从齿轮箱穿出，推住主轴端拉杆，移动起重机，将主轴总成慢慢套进齿轮箱，在主轴 $\phi550\text{mm}$ 圆柱面露出齿轮箱约 50mm 时停下，在拉杆上套入中空千斤顶（拉力不大于 3t），并拧紧拉杆螺母（见图 2-77）。

3）使用深度尺、刀口形直尺精确对中，确保主轴与齿轮箱内孔同轴（上下间隙均匀）（见图 2-78）。

图 2-77　拉杆的使用

图 2-78　用深度尺、刀口形直尺精确对中

缓慢移动起重机，匀速推进主轴总成至 310mm 标记线贴近齿轮箱，此时再用塞尺和刀口形直尺复检同轴度，精确对中后，驱动千斤顶或拧紧拉杆螺母，起重机同步跟进，保证主轴能顺畅拉至 496mm 标记线处，同时伴有主轴装配到位的金属碰撞声，表示此时主轴与齿轮箱装配到位，完成后锁紧拉杆螺母。

4）确认收缩盘内套的外端面与 1 级行星架伸出端端面的倒角根部平齐，且调整收缩盘内外圈的高度差偏差不超过 0.5mm，然后对收缩盘螺栓进行拧紧，拧紧完成后要求内环相对于外环的高度差满足 $-0.5 \sim 3\text{mm}$，内外环 4 点高度差偏差不大于 0.1mm。

注意：在装配时禁止测量人员用手触摸主轴与齿轮箱配合面。

具体拧紧作业如下。

a. 使用记号笔在上、下、左、右十字交叉的 4 个螺栓上标记上 1 ~ 4 号。

b. 用两个液压扳手先以 $T/3$ 力矩对称拧紧十字交叉的 4 个螺栓，然后使用 $T/3$ 力矩顺时针方向或逆时针方向对称拧紧螺栓，拧完第一圈后，测定收缩盘 2 ~ 4 螺栓处内外环的高度差，确认内外环 4 点高度差偏差不大于 0.25mm，后续每拧完 5 圈后，都需要重新测定收缩盘 2 ~ 4 螺栓处内外环的高度差，保证内外环 4 点高度差偏差不大于 0.25mm；直到使用力矩 $T/3$ 值时螺栓旋转小于 20°。拧紧胀紧套力矩见图 2-79。

c. 然后再以 $2T/3$ 力矩顺时针方向或逆时针方向对称拧紧螺栓，每拧完 5 圈，测定收缩盘 2 ~ 4 螺栓处内外环的高度差，保证内外环 4 点高度差偏差不大于 0.25mm，将主轴总成在搁架上垫实，垫上可调垫铁，卸下拉杆、吊具和吊带，确保主轴中心轴线（前端和后端）高低方向前后变化小于 1mm（此处需使用百分表进行测试。具体测试方法是：在调节可调垫铁前，在主轴大端处打表，即将百分表放置在主轴大端正下方的地面铁板上，将表头抵住主轴大端下端面进行调零，并在卸掉吊具后观察百分表的读数）。

d. 使用 T 值顺时针方向或逆时针方向对称拧紧螺栓，每拧完 5 圈后都需要重新测定收缩盘内外环的高度差，保证内外环4点高度差偏差不大于0.25mm。

e. 通过适当地拧紧和放松此4个螺栓及其相邻1~3个螺栓进行调整，使内环相对于外环的高度差满足-0.5~3mm，高度差偏差不大于0.1mm。

注意：当4点内外高度差不满足要求时，通过适当地拧紧和放松此4个螺栓及其相邻1~3个螺栓进行调整；具体 T 值参照齿轮箱铭牌。

(6) 主轴轴承注脂

1) 用注脂机通过轴承座上（带温度传感器安装孔一侧）的M10油嘴安装孔给主轴轴承注入规定牌号的润滑脂（见图2-80）。每个轴承在注脂过程中需均匀、连续转动高

图2-79 拧紧胀紧套力矩

速轴，使主轴沿同一方向转动不少于两圈（可使用盘车工装进行转动）。

2) 注脂后清理注脂口多余的油脂。将4根排油软管分别插入排脂孔压板的排油口上，插入深度为40mm，然后用管箍进行紧固（管箍紧固位置在插入深度的中间位置）（见图2-81）。

注意：在传动链吊装到机座上后，将排油管的另一端放到接油盘中。

图2-80 主轴轴承注脂

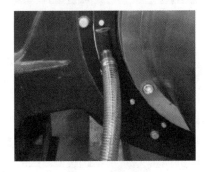

图2-81 排油软管安装

(7) 齿轮箱排油

1) 卸下齿轮箱底部排油口球阀上的堵头，打开球阀，将齿轮箱内的残油放掉（见图2-82）。

2) 卸下齿轮箱过滤器上的球阀，将过滤器内的残油放掉（见图2-83）。

3) 将放出的残油用容器收集起来。

图2-82 齿轮箱底部排油

图2-83 齿轮箱过滤器排油

（8）补漆和防腐 安装完毕后检查零部件，对损伤的、裸露的涂层及未使用的安装孔按要求进行作业，未使用的外露安装孔使用道康宁 7097 密封胶进行封堵。有力矩要求的螺栓防腐后要用红色油漆笔做好防松标记。

三、机舱平台装配

1. 机舱平台装配质量控制点

1）机舱面板布置应整齐美观，无卷边和翘边现象。

2）机舱平台表面油漆均匀、平整。

2. 机舱平台装配过程

1）机座的清理。用抹布、清洗剂 TRUNP HP755、扁铲、毛刷等清理机座安装面、安装孔，然后用高压气枪吹干，保证安装面及安装孔清洁无油（见图 2-84）。

图 2-84　机座装配

2）梁的装配。将梁 1～梁 5、梁 12 与机座用螺栓 M16×55、平垫圈 16、弹性垫圈 16 连接起来，用气动扳手拧紧。梁 6～梁 11、梁 13（1）与机座用螺栓 M16×40、平垫圈 16、弹性垫圈 16 连接起来，用气动扳手拧紧，参考力矩为 230N·m。

将前支梁 1、前支梁 2 与机座用螺栓联接起来，前端所用的标准件为螺栓 M16×140、平垫圈 16、弹性垫圈 16，后端所用的标准件为螺栓 M16×45、平垫圈 16、弹性垫圈 16，用气动扳手拧紧，参考力矩为 230N·m，见图 2-85。

注意：所有 M16 螺栓涂抹螺纹锁固胶。

3）机舱面板的装配。将机舱面板 1～6、机舱面板 8、机舱面板 9、机舱面板 12 各一件平铺于各梁及机座上，用内六角圆柱头螺钉 M8×25、平垫圈 8、锁紧螺母 M8 与梁连接，用内六角圆柱头螺钉 M8×25 与机座连接，所有螺栓用 6mm 内六角扳手和棘轮扳手配 13mm 外六角套筒头拧紧（见图 2-86）。用两个锁紧螺母 M8、两个平垫圈在机舱面板及前支梁上加装气弹簧（为避免气弹簧在机舱运输过程中被电缆压坏，要求气弹簧仅安装靠近前轴承座一侧）。

4）补漆和防腐。安装完毕后，检查零部件，对损伤的、裸露的涂层及未使用的安装孔按要求进行作业，有力矩要求的螺栓防腐后用红色油漆笔做好防松标记。其中，平台上表面花纹钢板固定螺栓头涂蓝漆可放在整改完成后进行。

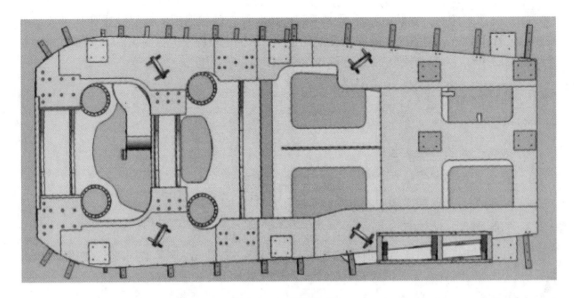

图 2-85 梁的装配

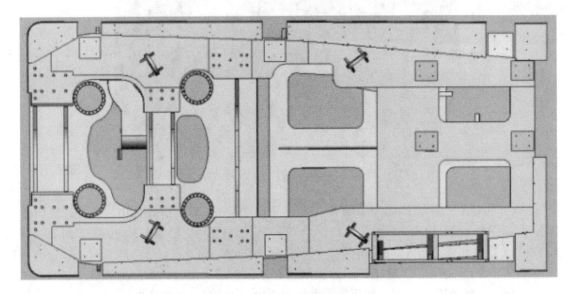

图 2-86 机舱面板的装配

四、偏航系统装配

1. 偏航系统装配质量控制点

1) 偏航轴承外圈与机座的联接螺栓的预紧力为 550kN。

2) 偏航制动器与机座的联接螺栓的紧固力矩为 2380N·m。

3) 偏航减速机与机座的联接螺栓的紧固力矩为 455N·m。

4) 调整并保证偏航齿轮啮合侧隙为 0.60 ~ 1.0mm。

5) 偏航减速机油位的检查（在减速机处于齿轮朝下的竖直状态时从油窗处查看，若内部能看到气泡则表示油位正常，无气泡需放油，无油需加油）和偏航轴承滚道润滑脂的检查（打开注油口堵头观察内有润滑脂即可）。

6）已预紧螺栓表面防腐，偏航减速机齿面表面防腐。

2. 偏航系统安装

（1）清理机座与偏航轴承

1）将机座吊至偏航减速机装配架上，用清洗剂 TRUNP HP755、扁铲、抹布清理装配面及安装孔，再用高压气枪吹净，保证各安装面和安装孔清洁无油（见图 2-87）。

2）用 M36 丝锥清理偏航轴承内圈 M36 螺纹孔，用清洗剂 TRUNP HP755、抹布清理孔内杂质油污，并用高压气枪吹干，然后喷涂万能防锈油 WD-40 进行防腐。

（2）偏航轴承与机座连接

1）用 3t×5m 四爪吊带和 4 个 M16 吊环螺钉将偏航轴承吊至偏航轴承安装架上，此时偏航轴承外圈应高于内圈（见图 2-88）；否则应进行翻转（偏航轴承装配面上的灰尘、杂质应用干净抹布清理）。

图 2-87　机座清理　　　　　　　　　　　图 2-88　偏航轴承的吊放

2）将载有偏航轴承的安装架推至机座底部对应的位置，轴承滚道软带位置应位于机座左右任一侧。将 3t×5m 四爪吊带的各爪从机座上方分别穿过机座上的偏航减速机安装孔，吊住偏航轴承装配小车，升起吊钩，使偏航轴承靠近机座上安装止口（见图 2-89）。

3）将固定偏航轴承的偏航轴承外圈安装螺柱，通过轴承外圈安装孔对正旋入机座上的轴承螺柱固定孔（螺纹段较短的一端旋入），保证螺柱露出轴承长度为 75mm±2mm（保证螺柱不被拧到底而卡住，如有卡住则回旋 1/4 圈保证不被卡住）。

4）将专用螺母 M36 旋入双头螺柱，将偏航轴承固定，卸去小车和吊具，用一对液压拉伸器交叉对称拉伸双头螺柱至 275kN（见图 2-90）。

 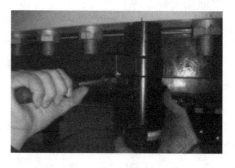

图 2-89　偏航轴承的吊装　　　　　　　　图 2-90　偏航轴承的安装

（3）安装偏航减速机及电动机

1）清理偏航减速机安装面、小齿轮齿面以及小齿轮端面的杂质，此时减速机应呈竖直状态，检查油位是否正常。

2）在偏航减速机上拆下偏航电动机（见图2-91），垂直缓慢提升电动机，用手托住侧面，避免电动机轴脱离偏航减速机时猛烈摆动而撞伤电动机。

3）用2t×2m两爪吊带（配两个货钩）将偏航减速机吊起，先安装距绿齿最近的偏航减速机安装孔，将减速机E点位置放在偏航减速机与偏航轴承啮合处的正对面侧偏左（或右）4~5个孔处，保证有一定侧隙后将偏航减速机装入安装孔，卸去吊带（见图2-92），用4个螺栓M20×65、平垫圈20按十字方向将减速机固定，再用偏航齿隙调整手柄转动偏航轴承内圈，使3个标记绿色的齿与偏航减速机齿轮啮合（偏航减速机需装一个调一个侧隙，不能4个一起吊装之后再统一调节侧隙）。

图 2-91　偏航电动机的拆卸

图 2-92　偏航减速机的安装

4）用塞尺检查齿轮啮合侧隙是否在0.6~1.0mm（见图2-93），如果啮合侧隙偏大，则需将E点往靠近啮合点方向旋转一个或多个孔位（方法同变桨）；反之，则将E点向远离啮合点方向旋转，再次进行测量，直到符合要求。具体啮合要求是：齿面啮合接触痕迹（齿面防腐涂层磨损痕迹）均匀，长度（齿宽）不小于40%，高度（齿高）不小于30%。最后将余下的螺栓M20×65、垫圈20安装并紧固。

注意：侧隙测量时测量深度（齿宽方向）不小于齿宽的80%。

5）安装偏航电动机。取出密封圈，将原先的密封胶铲除干净，并擦去端面的水迹、油污等杂质后重新放入密封圈。

6）清理偏航电动机轴外圆的毛刺。

7）吊起偏航电动机，用手托住电动机侧面，保证电动机轴线垂直，缓慢插入偏航减速机输入轴内孔并下降到位。用4个螺栓M14×40紧固（涂抹螺纹锁固胶，参考力矩为130N·m），通过调整偏航减速机中心孔的位置和偏航电动机的安装孔位，使偏航电动机接线盒朝向机座中轴线（可稍偏向轮毂侧）。

注意：若无法顺利插入，切忌野蛮操作，需查明原因（如键未安装到位、轴线倾斜、毛刺等）后作业。

8）将安装好的偏航电动机接上电源，驱动偏航轴承内齿圈，以调整齿轮绿色标记至下一个偏航减速机安装位置。

9）按照第一个减速机的安装要求，依次将其余3个偏航减速机安装到位，并保证4个偏航减速机侧隙偏差不大于0.3mm。

10）根据"车间偏航减速机安装和偏航联动测试方案"进行偏航联动试验，保证4个偏航电动机同时上电同步运行，并检查偏航电动机、偏航减速机和偏航轴承在运行时是否平稳、是否有异响（如有异响应拆除检查）。

注意：试验结束时，确认偏航轴承内圈螺纹孔中的一个位于机座中轴线上，以便于同运输工装进行连接。

11）用液压扳手将偏航减速机螺栓先交叉、对称地拧至力矩为200N·m，再拧至力矩为455N·m（见图2-94）。

图2-93　测量啮合侧隙

图2-94　紧固偏航减速机螺栓

12）偏航系统装配完成后对螺栓头进行防腐处理（见图2-95）。

（4）偏航制动盘与机座连接

1）用规定的清洗剂清理制动盘与偏航轴承、塔筒连接的配合面及制动盘的上下两摩擦面，保证各面清洁无油，用3个M16吊环螺钉和3t×5m四爪吊带将清理好的偏航制动盘止口朝上吊放在偏航轴承装配小车上（见图2-96），将载有偏航制动盘的小车推至机座底部对应的位置，先转动小车将制动盘上4个预装螺纹孔与轴承上相应M16螺纹孔大致对准。

2）将3t×5m四爪吊带的各爪从机座正上方吊住偏航轴承装配小车上的吊环，起升吊钩，使偏航制动盘贴近偏航轴承上的安装止口，用4个内六角圆柱头螺钉M16×100将制动盘与偏航轴承连接，用机械力矩扳手

图2-95　螺栓头防腐

交叉对称一次拧至力矩为190N·m，卸掉小车及吊带（见图2-97）。

注意：M16×100螺钉需涂抹螺纹紧固胶乐泰243。

图2-96 偏航制动盘

图2-97 安装偏航制动盘

（5）紧固偏航轴承 用两个液压螺栓拉伸器交叉对称地将固定偏航轴承外圈的双头螺柱拉伸至550kN（见图2-98）。

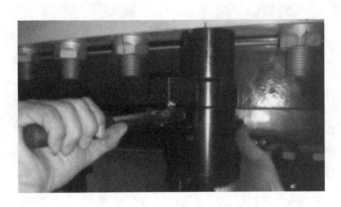

图2-98 紧固偏航轴承

（6）安装偏航制动器

1）用2t×2m两爪吊带将偏航制动器下半部分吊至偏航制动器安装小车上，然后起吊制动器上半部分，对准位置放至下半部分上，将小车移动到机座底部安装位置，起升到所需高度后将制动器推到偏航制动盘盘面上，对准机座上固定孔，用两个螺栓M36×330、平垫圈36将制动器连在机座上（见图2-99）。

注意：在制动器吊装之前务必确认摩擦片安装正确到位（摩擦材料朝向制动盘面，钢背朝向制动器活塞）。

图2-99 安装偏航制动器

2）转动小车摇把使小车下降并移开，此时制动器下半部分同上半部分分开，在制动器下半部分的凹槽内放置密封圈，然后用气动扳手将螺栓拧紧，拧紧顺序参照图2-100执行。

注意：拧紧螺栓的过程中要用手扶住制动器，防止上下两半制动器错位而破坏中间的密封圈，并将上下两半制动器对齐。

图 2-100　制动器螺栓拧紧顺序

3）检查偏航制动器上下缸体与制动盘盘面之间的间隙，保证上下间隙都不小于 2.5mm。

4）按照上述方法安装其余偏航制动器，最后将余下的螺栓 M36×330、平垫圈 36 安装到位，用气动扳手对称交叉拧紧，拧紧前制动器的每一个半钳必须打开其中一个进油孔，然后按规定的力矩紧固工序进行操作，在这期间要保持操作环境干净，防止灰尘和杂质进入油孔中。然后用机械力矩扳手将所有固定制动器的螺栓交叉对称先拧至 800N·m，再拧至 1190N·m，最后用液压力矩扳手拧至力矩为 2380N·m（见图 2-101）。

图 2-101　拧紧偏航制动器安装螺栓

（7）安装偏航驱动接油装置

1）借用靠向轴承中心的两个固定偏航编码器安装螺钉 M10×25，将编码器接油盘进行固定，见图 2-102；M10×25 螺钉参考力矩为 46N·m。

2）用两个内六角圆柱头螺钉 M20×35、两个垫圈 20、两个弹簧垫圈 20 将扭缆装置接油盘安装固定（与偏航驱动共用螺纹孔，安装后保证接油盘相对制动盘露出均匀），见图 2-103。M20×35 螺钉参考力矩为 390N·m。

3）用两个内六角圆柱头螺钉 M20×40、弹簧垫圈 20、平垫圈 20 将一个偏航驱动接油装置安装到图 2-103 所示位置并用扳手拧紧（参考力矩为 390N·m）。安装具体位置：在 4 个偏航驱动小齿轮的下方与偏航驱动共用 M20 螺纹孔，安装后露出制动盘的部分对称，见图 2-104。

使用相同的方法安装另外 3 个偏航驱动接油装置。

注意：所有的 M10、M20 螺钉涂抹螺纹锁固胶 243；对于需要安装齿面集中润滑的项目应先安装齿面集中润滑系统后再安装此接油装置。

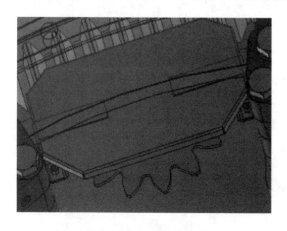

图 2-102　偏航编码器接油盘固定

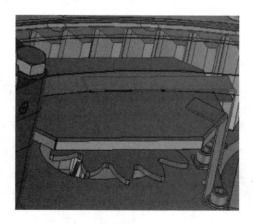

图 2-103　扭缆装置接油盘安装

（8）安装偏航轴承油嘴（有集中润滑时取消此序） 用8mm内六角扳手（或扁铲）取下偏航轴承上的堵头（橡胶堵头），用17mm呆扳手将油嘴安装上去（见图2-105）。

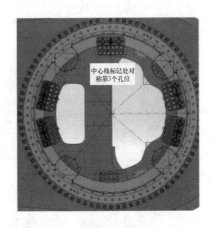

图2-104 偏航驱动接油装置安装

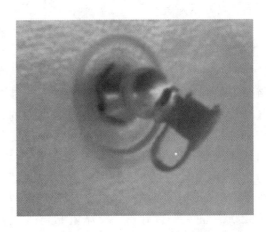

图2-105 安装偏航轴承油嘴

（9）安装机舱梯子 将起吊机舱梯子放入偏航减速机口，用4个螺栓M16×40、4个大垫圈16固定在机座横向加强钢板上，用气动扳手拧至力矩为149N·m（见图2-106）。

注意： M16螺栓需涂抹螺纹锁固胶243。

（10）安装固定槽 用6个螺栓M24×60、平垫圈24、弹簧垫圈24将固定槽安装在机座上，用气动扳手拧紧（见图2-107），参考力矩为675N·m。

注意： M24螺栓需涂抹乐泰277螺纹锁固胶。

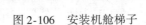

图2-106 安装机舱梯子

（11）安装整机运输架 用25t×4m圆形吊带和25t卸扣双钩将偏航系统吊至整机运输架，用气动扳手将33个工装螺栓M36×270使偏航轴承与整机运输架紧固（前面13个、两侧各7个、后方6个散开且均匀分布。螺栓使用数量根据实际使用工装确定）（见图2-108）。

注意： 此时机座与运输工装连接时，不能安装运输工装后支撑，以免影响发电机对中的准确性；M36×270工装螺栓需涂抹螺栓润滑剂。

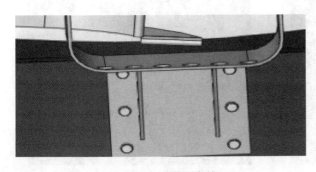

图2-107 安装固定槽

图2-108 安装整机运输架

（12）补漆和防腐　安装完毕后，检查零部件，对损伤的、裸露的涂层及未使用的安装孔按要求进行作业，未使用的外露安装孔使用道康宁7097密封胶进行封堵，有力矩要求的螺栓防腐后用红色油漆笔做好防松标记，对偏航减速机齿面涂刷富锌底漆。

注意： 偏航制动器外露金属面及紧固螺栓头部进行防腐前要使用清洗剂将油污彻底清洗干净，以保证表面具有良好的附着力。

按照要求对标识进行张贴。

五、机舱布置

1. 机舱布置质量控制点

1）前、后轴承座与机座联接螺钉的紧固力矩为3560N·m。

2）齿轮箱弹性支撑座与机座的联接螺钉安装的预拉伸力为450kN。

3）齿轮箱弹性支撑调整时将百分表设为零，安装完成后百分表读数变化在0.15mm以内。

4）高速制动器固定螺栓紧固力矩为2220N·m，制动片两侧间隙调整成一致。

5）高速轴联轴器胀紧套的紧固力矩为250N·m（齿轮箱侧）、490N·m（发电机侧）、250N·m（开天联轴器），高速轴联轴器螺栓紧固力矩为490N·m（晟达），高速轴联轴器膜片的紧固力矩为840N·m（开天联轴器）。

6）高速轴联轴器两端盘面内侧距离为659mm±1mm（晟达）、727mm±1mm（开天联轴器）。

7）发电机弹性支撑的紧固力矩为190N·m。发电机双头螺柱紧固力矩为220kN。

8）发电机对中平行偏差：上下为0mm±0.14mm，左右为0mm±0.14mm；角度偏差小于0.07mm/100mm。

2. 主轴齿轮箱总成与机座装配

（1）高速制动盘的安装

1）用抹布蘸清洗剂TRUNP HP755清洁齿轮箱输出轴、高速制动盘、胀紧套等零部件安装表面。

2）将隔套套入齿轮箱高速轴，紧贴高速轴台肩并旋紧M8紧定螺钉，拧紧力矩为16N·m。

3）检查胀紧套内、外套之间的配合锥面二硫化钼的涂抹情况，如果状况良好，则不再处理；否则清理胀紧套内、外套之间的配合锥面，均匀涂抹二硫化钼。与制动盘相连一面朝外套入齿轮箱高速轴，使内套紧贴隔套（见图2-109）。

注意： 安装时不要将二硫化钼粘到高速轴上，胀紧套进入高速轴的过程中要禁止敲击。

4）将M12吊环螺钉安装在制动盘外周的吊装孔上，用2t吊带将高速制动盘吊起并安装到胀紧套的止口上（见图2-110），用12个六角头螺栓M16×70、12个平垫圈16安装在胀紧套内圈的螺纹孔内，用24个六角头螺栓M16×50、24个平垫圈16安装在胀紧套外圈的螺纹孔内（见图2-111）。

图 2-109 安装胀紧套　　　　　　　　　图 2-110 起吊高速制动盘

5）紧固螺栓，采用十字交叉对称方向，均匀、顺序地拧紧螺栓。先用机械力矩扳手将胀紧套内圈 12 个螺栓 M16×70 全部拧至力矩 100N·m（40%），然后拧至力矩 150N·m（60%），确认隔套端面与齿轮箱轴肩面贴合、与胀紧套端面贴合。将磁力表座吸在齿轮箱高速制动器安装面上，将百分表表头置于制动盘端面上距离边缘约 20mm 处，要求主轴制动盘轴向圆跳动误差小于 0.3mm。

6）用相同方式，将胀紧套外圈螺栓 M16×50 拧至力矩 150N·m（60%）。最后将内圈螺栓 M16×70 拧至力矩 250N·m，再将外圈螺栓 M16×50 拧至力矩 250N·m。

7）使用百分表复检制动盘轴向圆跳动，要求主轴制动盘轴向圆跳动误差小于 0.3mm（见图 2-112）。

注意： M16 螺栓不涂二硫化钼。

图 2-111 安装高速制动盘　　　　　　　图 2-112 测主轴制动盘轴向圆跳动

（2）高速制动盘的安装

1）用专用清洗剂、擦布清洁齿轮箱输出轴、高速制动盘、胀紧套等零部件安装表面。

2）清理胀紧套内、外套之间的配合锥面，并均匀涂抹二硫化钼（见图 2-113）（厂家已涂好二硫化钼且状况良好，则不必再处理）。

3）稍微拧松胀紧套内圈的 12 个 M16×70 螺栓后，用 M12 吊环螺钉和 2t×2m 吊带将齿轮箱侧联轴器组件套入齿轮箱高速轴，紧贴高速轴台肩（见图 2-114）。

4）将胀紧套内圈的 12 个螺栓 M16×70 用力矩扳手交叉对称均匀拧紧，先拧至 100N·m，后拧至 200N·m，最后拧至 250N·m。

注意： 胀紧套进入高速轴的过程禁止敲击。

5）将磁力表座吸在齿轮箱高速轴制动器安装面上，将百分表表头置于制动盘端面上距离边缘约 20mm 处，要求主轴制动盘轴向圆跳动误差小于 0.3mm。

注意： M16×70 螺栓不涂二硫化钼。

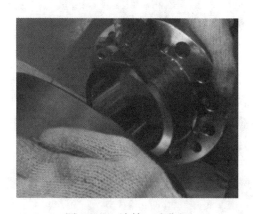

图 2-113　涂抹二硫化钼

图 2-114　安装高速轴制动盘

（3）安装高速制动器

1）用抹布蘸清洗剂 TRUNP HP755 清理高速轴制动器和齿轮箱上高速轴制动器的安装面。

2）制动器吊装孔安装两个 M10 吊环螺钉，用 2t 吊带起吊高速轴制动器套入制动盘（见图 2-115），用两个内六角圆柱头螺钉 M36×295、平垫圈 36 固定（先用一个螺钉穿入较高的安装孔，下降吊钩对准另一安装孔），使配合面贴实（确认两侧制动片与制动盘均有间隙，防止制动器浮动部分位置不合适导致配合面贴不实）。先用机械力矩扳手拧至力矩为 730N·m，再拧至力矩为 1110N·m，最后在制动器 ϕ35mm 阶梯孔中插入高速轴制动器螺栓紧固工装作为液压扳手反作用力臂支点，用液压扳手拧至力矩 2220N·m（见图 2-116）。

3）调整高速轴制动盘与制动器制动片之间的间隙，使两侧间隙一致且均不低于 0.5mm。

注意： 西伯瑞高速轴制动器传感器的调整，是将磨损传感器调整至感应平面距离 11.5mm±0.5mm，松闸传感器调整至感应平面距离 4.5mm±0.5mm。

（4）安装齿轮箱弹性支撑下半部分

1）用抹布蘸清洗剂 TRUNP HP755 清理传动链装配面、安装孔，然后用高压气枪吹干，保证清洁无油。

2）将 8 个双头螺柱 M36×800 机体端（短螺纹端）旋入机座安装孔，应从短螺纹侧拧入，拧入深度不小于螺纹的公称直径，手工拧入即可，不允许使用管钳等工具拧紧、卡死（见图 2-117）。

图 2-115 吊装高速轴制动器

图 2-116 安装高速轴制动器

3）用两个 M16 吊环螺钉和 2t 吊带将齿轮箱弹性支撑吊起，顺着双头螺柱安放到机座上，标牌朝向外侧（见图 2-118），然后卸掉弹性支撑上、下两部分预装用双头螺柱上的螺母 M24 和平垫圈 24，将弹性支撑上半部分卸下并将固定弹性体的 8 个 M12 螺钉的垫片 12 去除掉。按照此方法安装另一侧弹性支撑的下半部分。

图 2-117 安装双头螺柱

图 2-118 吊装齿轮箱弹性支撑

（5）吊装主轴齿轮箱总成

1）用抹布蘸清洗剂 TRUNP HP755 清理机座上轴承座安装面、齿轮箱扭力臂支点上下表面、安装孔，并用气枪将其吹干，保证安装面及安装孔清洁无油。

2）使用 50t 一字形吊梁双钩起吊的方法起吊主轴齿轮箱总成。用两根 25t 吊带吊住齿轮箱前端吊耳，另一根 30t 吊带吊在靠近轴承座 750 后侧的主轴上，一字形梁上方有两根 30t 吊带。起吊过程要求平稳，主轴齿轮箱总成与水平面夹角不宜过大。

3）起吊前先稍稍提起主轴齿轮箱总成，然后调整后轴承拉紧装置，调节前后轴承座加工面之间的距离相等，为 1220mm ± 1mm，在调整过程中要保证轴承座处于水平状态，然后使用主轴锁紧装置插入主轴锁紧盘并锁紧。

4）将主轴齿轮箱总成吊至机座上方，通过升降大小吊钩，使主轴齿轮箱总成保持与机座安装面一致，大约 5°倾斜（见图 2-119），交替下降大小钩，保证齿轮箱支撑臂顺利进入齿轮箱弹性支撑，轴承座进入机座止口，对准安装孔位，复查前后轴承座加工面之间的距离为 1220mm±1mm，用 32mm 内六角扳手使螺钉 M42×355 和 M42×230 加平垫圈 42 将轴承座 750、600 与机座连接，用气动扳手（力矩为 600N·m）交叉对称拧紧（见图 2-120）。

5）卸去吊具和吊带以及后轴承座拉紧装置，并完全松开主轴锁定栓，使用挡板固定主轴锁定栓位置。

图 2-119　吊装主轴齿轮箱总成

图 2-120　安放主轴齿轮箱总成

6）用液压扳手（配合轴承座螺栓紧固工装）交叉对称拧紧，先拧至 1200N·m，然后拧至 1800N·m，最后拧至 3560N·m（见图 2-121）。

图 2-121　紧固前后轴承座

（6）安装并调整齿轮箱弹性支撑

1）在齿轮箱两个悬臂上下拧上 16 个螺钉 M12×20，防止橡胶弹性支撑发生横向滑动。

2）用两个 M16 吊环螺钉和 2t 吊带将齿轮箱弹性支撑上半部分吊起，顺着双头螺柱安放到弹性支撑上，卸去吊环和吊带（见图 2-122）。将垫圈套在双头螺柱 M36×800 上，并旋入螺母 M36 至与螺柱顶部平齐。

3）用 55mm 呆扳手将靠内侧对称位置的 4 个螺母 M36 紧固，然后使用一对拉伸器交叉对称将 4 个螺栓拉伸至 220kN，保证支撑管与横梁、底座之间无间隙；然后用 M24 螺母、平垫圈 24 将双头螺柱 M24×780 紧固，拧紧的力矩为 420N·m。

注意 1：螺纹啮合部位及螺母支撑面要涂抹二硫化钼。

注意 2：株洲时代的产品需使用 M20 双头螺柱，拧紧力矩为 300N·m，螺纹啮合处及螺母支撑面涂螺栓润滑剂。

4）对称地将紧固的 4 个螺母 M36 松开至螺母上端面与双头螺柱平齐。此时，橡胶弹性支撑仍应处于预紧状态且支撑管与横梁、底座之间无间隙（见图 2-123）。

注意：为方便后续千斤顶的操作，建议先预紧靠近振动传感器侧的弹性支撑。

图 2-122　安装齿轮箱弹性支撑上部分

图 2-123　预紧齿轮箱弹性支撑

5）重复上述步骤，将另一侧弹性支撑预紧。

6）确认左、右弹性支撑均离开机座后，在齿轮箱正下方机座筋板中间位置放置百分表，调整表头在齿轮箱底部平台正下方且与平台垂直，将百分表置零位（百分表用来测量齿轮箱高低变化，注意在后面的装配过程中不要碰到百分表）。

7）用塞尺测量齿轮箱支撑总成与机座间的间隙，每个弹性支撑检测前、后、左、右 4 个部位（见图 2-124）。

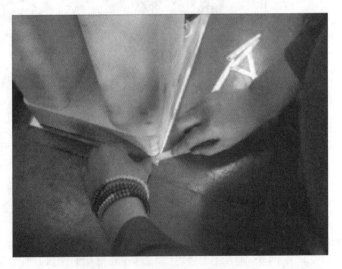

图 2-124　检测弹性支撑与机座间隙

8）记录左右弹性支撑共 8 个测量点的间隙值，即 RF（右前两个）、RR（右后两个）、LF（左前两个）、LR（左后两个）。

9）根据以上测量结果计算左右弹性支撑与机座之间的间隙平均值，即所需垫片的厚度，计算结果余数不足 0.3mm 的按 0.3mm 计算（垫片的规格设计成 1mm、0.3mm 等厚度）。

10）根据计算结果，选取相应厚度的垫片，并检查及确认垫片厚度符合要求。先填塞缝隙较大一侧，然后用液压千斤顶支撑起另一侧齿轮箱扭力臂，将垫片塞到弹性支撑总成的下面（垫片从弹性支撑远离齿轮箱扭力臂侧塞到支撑总成下面）。

11）将螺母 M36 紧固，并用 M36 液压螺栓拉伸器由内到外（图 2-125a 为采用一对拉伸器的拉伸顺序，图 2-125b 为采用单个拉伸器的拉伸顺序）、交叉对称地将 M36 螺柱拉伸至 220kN，并检查百分表读数变化情况。

12）将 M36 螺柱拉至 450kN 后，再次将 4 个预紧螺母 M24 拧紧（株洲时代的产品使用 M20 螺母）。

13）要求百分表最终读数在 ±0.15mm 之间；否则松开两侧弹性支撑螺母 M36，调整垫片厚度后重新拉伸紧固，直到百分表读数满足要求。

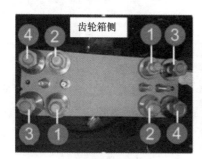
a) 采用一对拉伸器

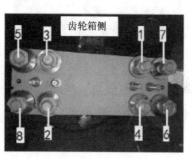
b) 采用单个拉伸器

图 2-125　螺柱拉伸顺序

（7）安装齿轮箱冷却风扇

1）将齿轮箱冷却风扇吊至齿轮箱上方，调整好高度后用 55mm 活扳手将 4 个螺母拧紧：

① 对于南京高精传动设备制造集团公司的齿轮箱，其散热器调整高度为下部螺母至下底板之间的距离为 50mm，见图 2-126（风机发至风电场后，吊装前需将下部螺母调至距下底板 140mm 的位置，因此电气接线时需要预留出适当长度）。

② 对于重庆望江齿轮箱，其散热器调整高度为散热器安装板下端面至螺杆安装座端面之间的距离为 70mm，如图 2-127 所示（风机发至风电场后，吊装前需要将下部螺母调至距螺杆安装座端面 112mm 的位置，因此电气接线时需要预留出适当长度）。

图 2-126　安装冷却风扇（一）

图 2-127　安装冷却风扇（二）

2）安装风冷风扇管路，齿轮箱管路与风冷换热器接口拧紧力矩参考如下：M52×2 螺母接头参考拧紧力矩均为330N·m（见图2-128）。

（8）拆卸工装螺栓、安装油杯 卸掉端盖上工装螺栓和螺母，安装 6 个油杯（M16×1.5）及密封垫圈（A16×20），油杯安装后应呈关闭状态，即旋套上的孔与杯体的孔完全不重合（见图2-129）。

注意：风电场吊装完成后将油杯开启及将旋套和杯体上的孔重合。

图 2-128　管路安装

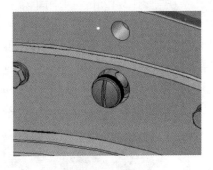

图 2-129　油杯安装

（9）补漆和防腐 安装完毕后检查零部件，对损伤的、裸露的涂层及未使用的安装孔按要求进行作业，未使用的外露安装孔使用道康宁 7097 密封胶进行封堵，有力矩要求的螺栓防腐后用红色油漆笔做好防松标记。

六、偏航集中润滑系统安装（选装）

2.0MW 风力发电机组偏航集中润滑系统主要分为主轴及偏航轴承滚道集中润滑系统与偏航轴承齿面集中润滑系统。前者主要为主轴前后轴承和偏航轴承滚道提供润滑脂，以保持轴承的良好工作状态；后者为偏航轴承及减速机齿面提供润滑。

1. 主轴及偏航轴承滚道集中润滑系统安装

主轴及偏航轴承滚道集中润滑系统的集中润滑油泵、主分配器及集油瓶安装位置见图 2-130。

1）将偏航润滑油泵用 4 个六角头螺栓 M10×40、4 个平垫圈 10、4 个弹簧垫圈 10 固定到机座横向加强钢板三上（见图2-130）。

2）用两个内六角圆柱头螺钉 M6×45、两个弹簧垫圈 6、两个平垫圈 6 将主分配器固定在机座侧板上。

用两个内六角圆柱头螺钉 M6×45、两个弹簧垫圈 6、两个平垫圈 6 将二级分配器固定在机座侧板上（主分配器在上方位置）（见图2-131）。

注意：带安装板的分配器用螺钉 M8 固定。

3）用两个六角头螺栓 M8×25、两个平垫圈 8、两个弹簧垫圈 8 安装偏航集油瓶（见图2-132）。

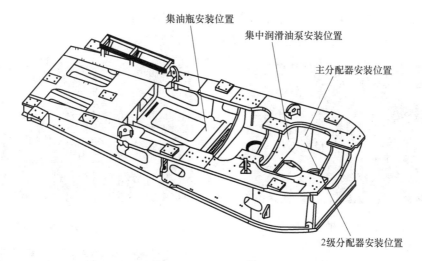

图 2-130　主轴及偏航滚道集中润滑系统安装位置

图 2-131　润滑油泵和分配器

图 2-132　集油瓶

4）电源线及信号线用波纹管保护，沿机座过线孔进入机座线槽中，最终接入机舱控制柜。

5）1 级分配器是 1 个进油口、3 个出油口，进油口向上安装，左侧上边和右边的出油口分别接前后轴承油管，前后轴承油管经过轴承座附近的孔到达机座平台面（见图 2-131），用 ϕ10mm 不锈钢橡胶管夹将其固定在轴承座上，并将油管接头接到轴承座润滑油孔中，左侧下边的出油口接二级分配器。

6）2 级分配器是 1 个进油口、5 个出油口，进油口接 1 级分配器，5 个出油口管路从机座左下部的孔穿出，分别接偏航轴承的 5 个进油口，穿出后管路在机座底部用 M5 螺栓、管夹进行固定（见图 2-133），剩下的油口用油管串接起来最终接入废油收集瓶。

注意：进、出油口交错分布，即 1 个进油 1 个出油。

7）将偏航轴承油管绑扎整齐（见图 2-134）。

8）前轴承油管与后轴承油管分别沿图 2-135 所示位置穿至机座平台表面，用不锈钢橡胶管夹固定（见图 2-136 和图 2-137）。

注意：经过锋利锐边的油管必须加缠绕管进行保护，以上安装用固定螺栓均须涂抹螺纹锁固胶（乐泰 243），所有油管接头均须涂抹密封胶（乐泰 569）；安装完成后要进行泵油测试，测试方法是在每个变桨轴承上选择长度最长的加油管拧开，然后连接电源进行泵油观察，若各连接处无漏油现象且拧开的加油管有油脂溢出即表明安装合格。

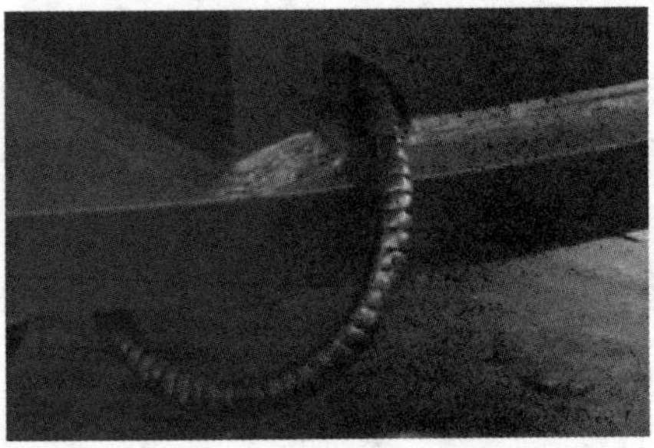

图 2-133　偏航轴承油管

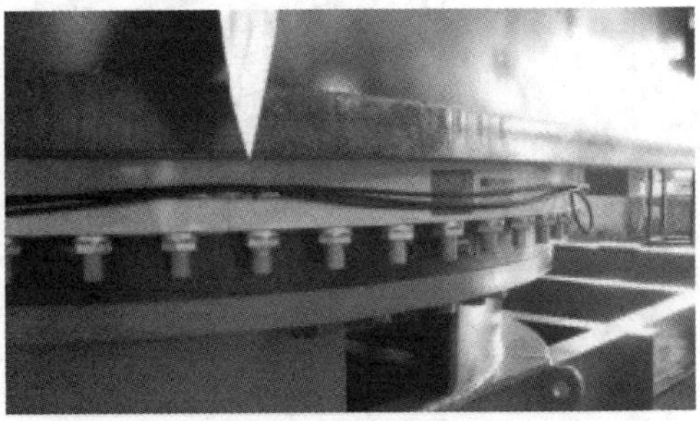

图 2-134　偏航轴承油管布置

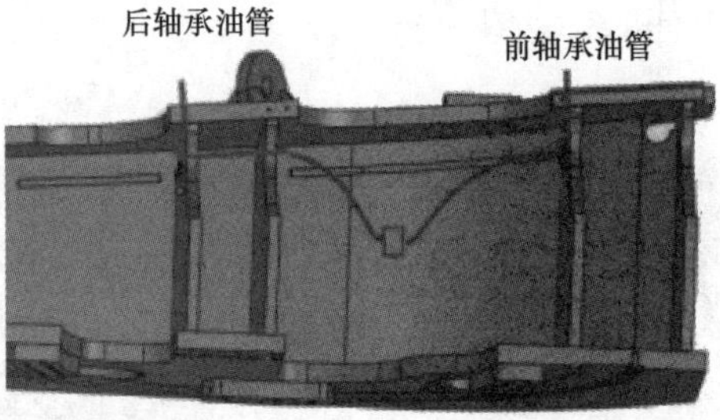

图 2-135　前、后轴承油管布置

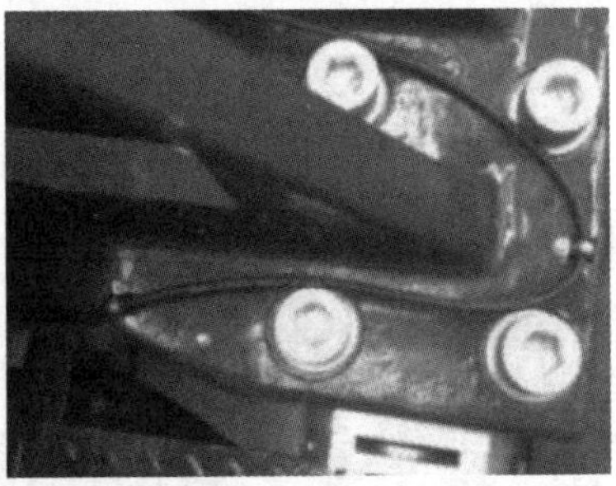

图 2-136　前轴承油管固定

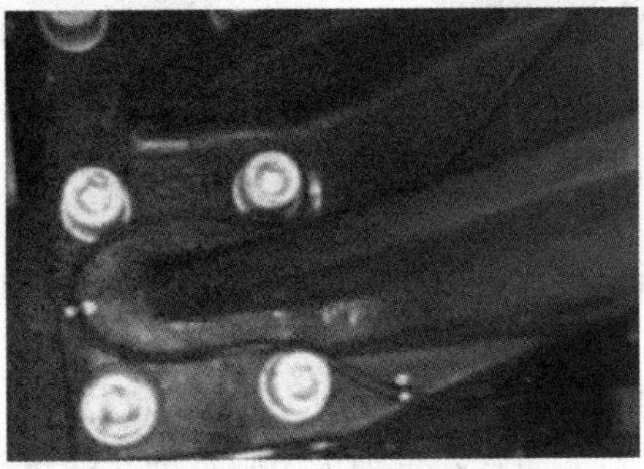

图 2-137　后轴承油管固定

2. 偏航轴承齿面集中润滑系统安装

偏航轴承齿面集中润滑系统的齿面润滑油泵、分配器安装位置见图 2-138。

1）将偏航轴承齿面润滑油泵用 4 个六角头螺栓 M10×40、4 个平垫圈 10、4 个弹簧垫圈 10 固定到机座横向加强钢板上（见图 2-139）。

2）用两个内六角圆柱头螺钉 M6×45、两个弹簧垫圈 6、两个平垫圈 6 将分配器固定在机座横向加强钢板上（润滑油泵下方）（见图 2-140）。

注意：带安装板的分配器用螺钉 M8 固定。

3）分配器左侧两条润滑管路为机座后部两个偏航减速机齿面润滑，右侧两条润滑管路为机座前部两个偏航减速机齿面润滑（见图 2-140）。

齿面润滑油泵安装位置

分配器安装位置

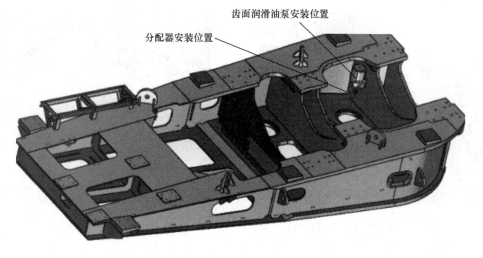

图 2-138　偏航轴承齿面集中润滑系统安装位置

图 2-139　润滑油泵安装

图 2-140　分配器安装

4）润滑管路在机座底板上按照图 2-141 进行布置，并用管夹进行固定。

5）用两个 M20 螺栓将润滑齿轮总成固定在机座底部（与偏航减速机共用螺纹孔），调整侧隙 1～2mm 后将螺栓拧紧（参考力矩为 300N·m）。按照相同的方法安装另外 3 个润滑小齿轮（见图 2-142 和图 2-143）。

注意：以上安装用固定螺栓均须涂抹螺纹锁固胶（乐泰 243），所有油管接头均须涂抹密封胶（乐泰 569）；安装完成后要进行泵油测试，测试方法：连接电源进行泵油观察，若各连接处无漏油现象且润滑小齿轮有油脂溢出即表明安装合格。

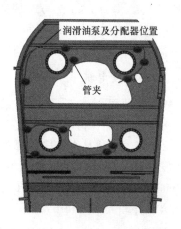

润滑油泵及分配器位置

管夹

图 2-141　偏航齿面润滑管路走向

图 2-142　偏航齿面润滑小齿轮安装

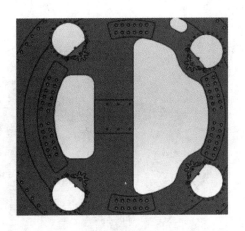

图 2-143　润滑小齿轮安装分布

七、发电机装配过程

1. 安装发电机弹性支撑

1）用抹布蘸清洗剂 TRUNP HP755 清理机座和发电机弹性支撑的安装表面、安装孔，用 16 个螺栓 M16×40、16 个平垫圈 16 将 4 个弹性支撑安装到机座上，此时不需要将其拧紧（见图 2-144）。

2）用 6 个螺栓 M20×55 将 6 个调整螺母安装到位，将弹性支撑上的调高螺母向上预调 4mm。

提示：调高螺栓螺距为 2mm，即旋一圈高度变化为 2mm，向上调高时不能超过 7 圈，以免螺母螺纹脱扣。若超过该

图 2-144　发电机弹性支撑

最大高度时，需要在弹性支撑下面增加垫板来达到抬高的目的。

2. 安装发电机

1）用两根 10t×5m 圆形吊带和 4 个 9.5t 弓形卸扣双钩平稳起吊发电机，左右要保持水平，前后随机座保持大约 5°倾斜（见图 2-145）。

2）将发电机从上方缓慢靠近发电机弹性支撑，用 4 个螺柱 M24×150、4 个螺母 M24、4 个发电机安装垫圈将发电机与弹性支撑连接。保证发电机轴端与齿轮箱轴端的距离为 697mm±3mm（可通过发电机前后调整工装进行调节），紧固弹性支撑与机座固定螺栓 M16×40，卸去吊具和吊带。

3. 安装发电机端胀紧套（晟达）

1）清理发电机轴端面及胀紧套内侧安装面，并检查胀紧套锥面的润滑情况，若润滑不

足则补涂二硫化钼。

2）将发电机轴端胀紧套套入发电机输入轴，然后将转矩限制器安装在胀紧套中间的止口上，并使用 21 个螺栓 M20×60 联接，保证发电机输入端的胀紧套端面离制动盘的距离为659mm±1mm，用机械力矩扳手先交叉对称拧至力矩 150N·m，再拧至力矩 300N·m，最后拧至力矩 490N·m（胀紧套内外套端面必须贴实）（见图 2-146）。

3）用红色记号笔从胀紧套外端面到转矩限制器外端面画一条线，用于检查转矩限制器是否存打滑。

注意：螺栓 M20×60 不涂二硫化钼，胀紧套进入高速轴的过程禁止敲击。

图 2-145 发电机吊装

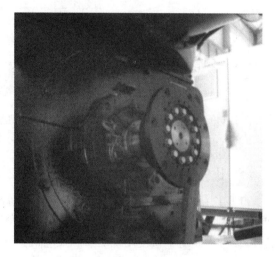

图 2-146 发电机端胀紧套

4. 安装高速轴联轴器（晟达）

1）用 2t×4m 圆形吊带（将吊环螺钉旋入连杆螺栓孔）将传动轴吊起（见图 2-147），在力矩限制器侧用记号笔画一条线直至齿轮箱与发电机之间的位置（见图 2-148）。

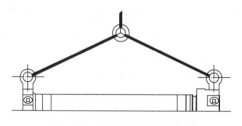

图 2-147 联轴器传动轴吊起

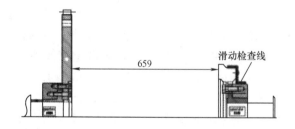

滑动检查线

659

图 2-148 力矩限制器画线

2）安装连杆。将成套包装的连杆拆包，装配在传动轴的同一侧。将连杆上标记有"Flange"一侧的止口装入高速轴制动盘止口中；然后将轴向螺栓旋入法兰中，只要拧入 2～3 牙即可；将连杆上标记有"Hub"一侧的止口装入中间传动轴止口中；将台阶垫、复合垫和橡胶垫依次套入径向螺栓中，并旋入传动轴，只要拧入 2～3 牙即可（台阶垫和复合垫是成套包装提供的，可直接一起安装）。按以上顺序依次装好一侧的 6 根连杆，然后再将发电机侧的 7 根连杆装好；拆下吊环螺钉，分别安装两侧的最后一根连杆。等上述两侧所有螺栓安装到位后，先用扳手加 30 套筒预紧，保持弹性连杆呈自然状态（见图 2-149 ~ 图 2-151）。

注意： M20 螺栓不涂二硫化钼。

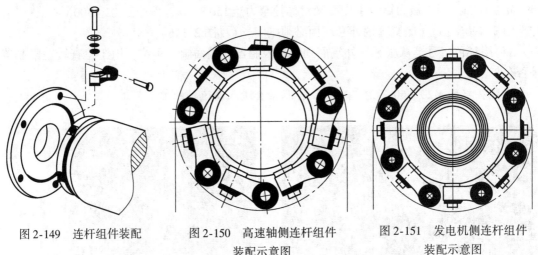

图 2-149　连杆组件装配　　　图 2-150　高速轴侧连杆组件　　　图 2-151　发电机侧连杆组件
　　　　　　　　　　　　　　　　　　　装配示意图　　　　　　　　　　装配示意图

5. 轴对中（晟达）

1）用激光对中仪对发电机轴和齿轮箱高速轴进行对中（见图 2-152）。对中的平行偏差要求上下为 ±0.14mm，左右为 ±0.14mm；角度偏差小于 0.07mm/100mm（T_n 值），对中方法可参考激光对中仪使用说明书。发电机弹性支撑的调节方式如下。

① 用钩形扳手转动发电机弹性支撑调高螺栓进行调节（可借用千斤顶）。调节发电机前端高度时将后端两个支脚用螺柱 M24×150 紧固；反之亦然。两侧调高螺栓转向和旋转圈数要保持完全一致。调节过程中要同时控制联轴器两盘面间的距离（可通过发电机前后调整工装进行调节），使之符合要求。

② 通过发电机调整工装进行发电机左右方向的调整（可借用千斤顶）。调节过程中也要同时控制联轴器两盘面间的距离，使之符合要求。

③ 复查上下和左右方向的平行和角度偏差，通过反复调节至均符合要求。

2）对中完成后，将发电机弹性支撑与机座联接螺栓 M16×40 交叉对称拧紧，先拧至 95N·m，再拧至 190N·m。用液压拉伸器按照先拉伸前端，后拉伸后端（或先拉伸后端，再拉伸前端）的顺序将双头螺柱 M24×150 先拉伸至 110kN，复查对中数据，确认对中符合要求后拉伸至 220kN（见图 2-153）。

注意： 拉伸前确认双头螺柱露出垫片的长度在 48 ~ 58mm，长度过小需在弹性支撑底部增加垫片，长度过长需在弹性支撑上部增加垫片）；终预紧力 220kN 拉伸两次，每次拉伸间隔 1min 且每次保压 5s。

3）将调整螺栓 M20×55 顶住弹性支撑板后拧紧；交叉对称依次拧紧联轴器连杆上径向螺栓的力矩，先拧至 200N·m，再拧至 300N·m，最后拧至 490N·m，按上述方法拧紧连杆上轴向螺栓。拧紧过程中必须确认连杆安装止口已完全嵌入。最后再次检查全部连杆螺栓的拧紧力矩是否达到规定力矩，然后用记号笔画上防松标记。

图 2-152　发电机对中

图 2-153　发电机安装螺栓紧固

6. 安装发电机端胀紧套（KTR）

1）清理发电机轴端面及胀紧套内侧安装面，并检查胀紧套锥面的润滑情况。若润滑不足则补涂二硫化钼。

2）将发电机轴端联轴器组件套入发电机输入轴，用 12 个螺栓 M16×60 连接安装胀紧套，保证发电机输入端的胀紧套端面与制动盘的距离为 727mm±1mm，用机械力矩扳手先交叉对称拧至 100N·m，后拧至 150N·m，最后拧至 200N·m（见图 2-154）。

注意：螺栓 M16×60 不涂二硫化钼。胀套进入高速轴的过程禁止敲击。

7. 安装高速轴联轴器（KTR）

1）安装前清洁中间体固定螺栓联接处的安装面和膜片组，去除油污。

2）盘动齿轮箱侧组件和发电机侧组件，使两边的膜片组上的固定螺栓对准在一条直线上。

3）用 2t×4m 环形吊带锁住联轴器主体（玻璃钢材料）重心位置，吊至齿轮箱与发电机之间的安装位置，使转矩限制装置（在此处使用记号笔画线以检查是否打滑）一端朝发电机，然后用螺栓 M24×100 手动拧紧（见图 2-155）。此时螺栓应旋到位但不要拧紧，使膜片保持自然状态。

图 2-154　发电机端胀紧套安装

图 2-155　联轴器主体安装

注意：螺栓 M24×100 不涂二硫化钼；M24×100 螺栓安装方向以组件来时预装的状态为准，不能改变。

8. KTR 联轴器轴对中

KTR 联轴器的轴对中要求与晟达联轴器一样，对中完后将联轴器膜片固定螺栓拧紧至 840N·m（拧紧时确保螺纹套不同时转动）。

9. 补漆和防腐

安装完毕后，检查零部件，对损伤的、裸露的涂层及未使用的安装孔按要求进行作业，未使用的外露安装孔使用道康宁 7097 密封胶进行封堵，有力矩要求的螺栓防腐后用红色油漆笔做好防松标记。

按照要求对标识进行粘贴。

八、机舱辅件装配过程

1. 安装灭火器和医疗箱

将灭火器安装在灭火器支座上（见图 2-156）。

2. 安装机舱罩弹性支撑

将机舱罩 6 个弹性支撑放置在机座上，用 24 个螺栓 M12×45、24 个平垫圈 12、24 个弹簧垫圈 12 连接固定，用气动扳手紧固，参考力矩为 90N·m（见图 2-157）。

注意：M12×45 螺栓涂抹螺纹锁固胶 243。

图 2-156　灭火器支座　　　　　　　　图 2-157　机舱罩弹性支撑

3. 安装主轴保护罩

1）用 2t 吊带吊起主轴保护罩，将其吊至主轴上方，通过调整，保证主轴保护罩前后端面距轴承座 750/600 外端面 100~120mm（见图 2-158）。

2）将主轴保护罩上孔与梁 14 上孔对应，然后用 6 个六角头螺栓 M8×40、12 个平垫 8、6 个锁紧螺母 M8 将其紧固。

4. 补漆和防腐

安装完毕后，检查零部件，对损伤的、裸露的涂层及未使用的安装孔按要求进行作业，未使用的外露安装孔使用道康宁 7097 密封胶进行封堵，有力矩要求的螺栓防腐后用红色油漆笔做好防松标记。

九、齿轮箱加油

1）将带有一个球阀和一个活接头的注油机与齿轮箱底部排油口球阀连接起来，打开这两个球阀，起动注油机给齿轮箱加入规定牌号的润滑油（见图 2-159），当齿轮箱油位计油位上升至最高油位与最低油位线之间时则加油完毕。

2）关闭两个球阀。从齿轮箱上拧开注油机活接头，装好堵头，并将齿轮箱排油口处的油迹擦拭干净。

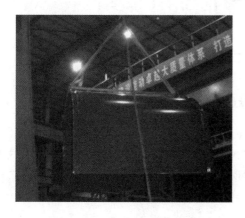
图 2-158　吊装主轴保护罩

图 2-159　齿轮箱加油

十、液压系统管路装配

液压站的结构见图 2-160。

如图 2-160 所示，A1 口接高速轴制动器液压油管，A2 口接偏航制动器供油管，B2 口接偏航制动器回油管。

1. 液压系统装配质量控制点

1）用无尘布清洁管路接头，各个接口处的堵头按需拆卸，避免长时间裸露造成污染。
2）各管接头连接可靠，不得有泄漏，所有管路接头安装完成后必须涂上防松标记。
3）各管路布置要美观合理，不得与其他设备发生摩擦和干涉，油管要有固定措施。
4）液压站电动打压至 160bar，保压试验 24h 后压力应不低于 130bar。

2. 液压系统装配过程

（1）安装液压站托盘和液压站

1）清理液压站托盘上的灰尘和杂质，用无尘布将液压站油箱、集成块上管接头擦拭干净。
2）在机座上安装液压站托盘，用 4 个内六角圆柱头螺钉 M10×20、4 个平垫圈 10、4

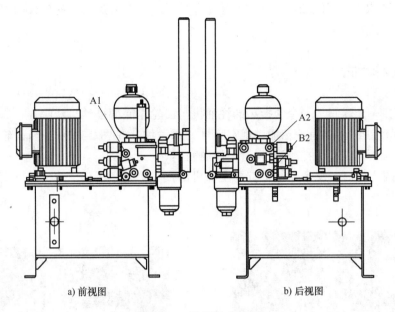

a) 前视图　　　　　　　　　　b) 后视图

图 2-160　液压站的结构

个弹簧垫圈 10 将其加以固定（见图 2-161）。

3）用吊带起吊液压站并安装在液压站托盘内，注意手动泵一侧应靠外；用 4 个内六角圆柱头螺钉 M10×20、4 个平垫圈 10、4 个弹簧垫圈 10 将其固定在接油盘上（见图 2-162）。

注意：M10×20 螺钉涂抹螺纹锁固胶 243，参考力矩为 45N·m。

图 2-161　液压站托盘

图 2-162　安装液压站

（2）安装液压站的进、出油口管接头及油管

1）在液压站的 A1、A2、B2 口上各安装一个 EO 端直通，然后再在 A1 的 EO 上安装一个 EW 弯头，用 19mm 的呆扳手将其拧紧。

2）将软管总成 3100 和软管总成 3900 的一端分别连接在液压站 A2、B2 接口上，将软管总成 6000 的一端连接在液压站 A1 接口上（见图 2-163）。

（3）安装偏航制动器管路

1）用无尘布清理偏航制动器及管路接口的油污和杂质，在每个偏航制动器的进、出油口都安装一个 EO 直头，用 19mm 呆扳手将其拧紧。

2）以最靠近液压站的偏航减速机为界（见图 2-164），将左侧制动器下半钳油口接软管总成 3900 的另一端作为回油管路，将右侧制动器上半钳油口接软管总成 3100 的另一端作为进油管路。

3）在每组偏航制动器下半部泄油口处安装一个三通接头，然后从安装进油管的一组偏航制动器开始，将泄油软管根据距离对应与三通接头逐个连接完毕，最终在接回油管的一组偏航制动器

图 2-163　液压管路

的三通接头一端接泄油软管 3300，泄油软管另一端接液压站油箱，然后用 19mm 呆扳手紧固（见图 2-165）。其中开始接泄油软管的三通剩余一个接口，用于接高速轴制动器泄油软管。

图 2-164　偏航进、出油管

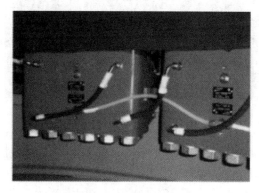

图 2-165　偏航制动器油管

（4）安装高速轴制动器管路

1）用无尘布清理高速轴制动器管路接口的油污和杂质，在高速轴制动器处于上方的进油口上安装一个 EO 直头和 EW 弯头，将软管总成 6000 与制动器上的进、出油口连接起来（见图 2-166），用 19mm 呆扳手拧紧。

2）在高速轴制动器出油口处安装一个 EO 弯头，将回油软管 7000 的一端接在出油口，另一端接在偏航制动器预留好的三通接口处（见图 2-167），并用 19mm 呆扳手拧紧。

3）检查及确保所有接头已拧紧，无错扣松动现象。清洁管路及接头油污，清理安装场地油污及杂物。

（5）管路布置

1）在机座左侧（从前往后看）图示位置用内六角圆柱头螺钉 M8×16 先将管夹安装导轨与机座连接固定，然后将高速轴制动器进油管套入管夹中，再将管夹紧固螺栓拧紧（见图 2-168）。

2）在机座钢板侧板上用内六角圆柱头螺钉 M8×16 先将管夹安装导轨与机座连接固定，然后将进油管嵌入管夹中，再将管夹紧固螺栓拧紧（见图 2-169）。

图 2-166　高速轴制动器油管

图 2-167　回油软管

图 2-168　偏航进、出油管下端固定

图 2-169　偏航进、出油管上端固定

3) 在齿轮箱上的高速轴制动器安装垫板（见图 2-170）钻削一个 ϕ6.8mm 深 20mm 的孔，并攻 M8 的螺纹孔，螺纹孔深 15mm，用内六角圆柱头螺钉 M8×16 先将管夹安装导轨与高速轴制动器安装垫板连接固定，然后将高速轴制动器进油管套入管夹中，再将管夹紧固螺栓拧紧。

4) 将高速轴制动器进油管沿齿轮箱走线（见图 2-171）至液压站，在机座面板预留的 M8 螺孔用内六角圆柱头螺钉 M8×16 安装管夹将制动器管路固定（见图 2-172）。

图 2-170　高速轴端油管固定

图 2-171　高速轴制动器油管布置

（6）管路的清洗　将偏航进、出油软管与清洗专用液压站的进、出油口相连（见图 2-173），检查液压站的油位（若液面低于中位线需添加液压油），给液压站通电。起动过滤油泵，开始冲洗偏航液压管路，这一过程中系统压力应处于 0～30bar，冲洗时间为 1h。完成后依次关闭液压站电动机、电磁阀。拆除偏航进出油软管，并将油管与机组自带液压站连接，过程

图 2-172　高速轴制动器油管固定

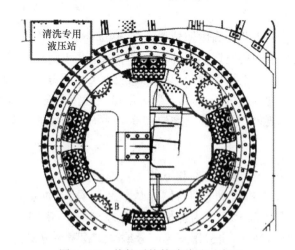

图 2-173　偏航系统管路清洗示意图

中要注意避免液压油滴漏到机舱上。最后清理管路接头、过滤油泵、液压站等上面的油迹，并对清洗专用液压站做好防护，避免运输储存过程中污染。

注意：每次清洗完成后，要检查清洗专用液压站滤芯指示器的颜色变化情况，若变红则要及时更换滤芯。

（7）加入液压油　待液压站管路安装完毕，用带过滤装置的注油机从液压站加油口加入规定牌号的液压油，直至油位上升至油位可视部分 2/3 位置，加油完毕。盖上注油口，并将残油清理干净。

（8）液压系统保压试验　给液压系统排气后，使用电动泵打压至 160bar，保压 24h，确保系统压力不低于 130bar。

（9）安装高速轴保护罩

1）将高速轴保护罩下罩放置在高速制动盘下方，然后将高速轴保护罩支撑与高速轴保护罩下罩连接，用 4 个螺栓 M8×25、4 个平垫圈 8、8 个弹簧垫圈 8、4 个锁紧螺母 M8 连接紧固，用扳手拧紧。用 8 个 8.8 级螺栓 M8×40、16 个垫圈 8、8 个 M8 锁紧螺母将高速轴保护罩支撑与机座连接。

2）用 6 个螺栓 M8×25、6 个平垫圈、弹簧垫圈 8 连接紧固高速轴保护罩下罩和上罩。

3）安装制动器保护罩上部，把锁扣扣好，保证整个保护罩不得有干涉（见图 2-174）。

（10）检查和清理　安装完毕后，检查零部件数量，检查所有管路接口，并对损坏零部件表面按要求进行防腐处理。用抹布清理所有油管与接头。

图 2-174　高速轴保护罩

十一、机舱罩装配

1. 机舱罩装配质量控制点

1）所有牛腿孔和弹性支承轴线同轴度偏差不得超过 10mm。

2）法兰面配合后，外表曲面高度错位偏差在 ±4mm 内。

3）机舱内部所有非连接机舱罩的部件和机舱罩内壁最小间隙要大于 10mm。

4）机舱罩装配好后，发电机顶部距离机舱罩最小尺寸不得小于 40mm。

5）主体法兰面直线度不超过 5mm/m，装配后最大缝隙不超过 4mm。

6）所有螺栓必须按要求拧紧，预紧螺栓和零部件损伤表面的防腐。

2. 机舱罩预装

（1）拆卸机舱罩　拆开机舱罩上部和下部装配体。

（2）喷涂编号　分别在机舱罩上部右侧（从前往后看）、机舱罩右下部、前吊装盖板、测风桅杆上喷涂整机编号，编号字体为黑体，字高为 55mm，字间距为 10mm，字体颜色为红色（见图 2-175 和图 2-176）。机舱罩下半部分编号前后喷涂位置如图 2-175 所示，当机舱罩右下部 LOGO 标识是客户标识时，可参照图 2-175 所示位置喷涂，并保证同一个项目的喷涂位置统一。

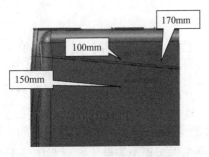

图 2-175　机舱罩编号位置

图 2-176　前吊装盖板、测风桅杆编号位置

（3）安装轴流风机　用工装小车将轴流风机抬起，两边各垫一个减振环，对准安装孔位，保证接线盒水平朝右（从前往后看朝向机舱柜一侧），用 24 个螺栓 M10×45、24 个锁紧螺母、48 个大垫圈连接固定，用扳手对称均匀拧紧（见图 2-177）。

注意：轴流风机风向由机舱内往机舱外。

（4）安装机舱罩毛刷

1）从机舱罩左右下主体合模缝处开始按照顺序将毛刷安放在机舱罩塔筒口法兰

图 2-177　轴流风机

上，毛刷夹板外径紧贴住机舱罩塔筒口内壁（见图 2-178）。

2）将 1/4 毛刷安放在塔筒口法兰上，用 φ9mm 钻头对安装位置进行配孔，然后使用 9 个 M8×40、18 个大垫圈 8、9 个螺母 M8 将其固定（参考力矩为 8.3N·m）。其余毛刷按照上述方法依次安装。

3）用密封胶枪在机舱罩塔筒口和毛刷夹板配合处，均匀地注入密封胶（见图 2-179）。

注意：密封胶不能滴落在毛刷上。

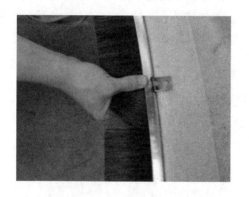

图 2-178　机舱罩毛刷安装示意图

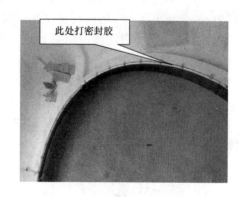

图 2-179　机舱罩毛刷打胶示意图

3. 机舱罩装配过程

1）安装机舱罩左下部和右下部。

① 先拆开机舱罩左下部和右下部装配体。

② 用 5t 吊带起吊机舱罩左下部前牛腿和后牛腿，尾部配合 3t 手拉葫芦进行调平。将左下部吊至机舱平台的左侧，往机舱平台方向推左下部外侧，使机舱左下部向机舱平台靠近（见图 2-180）。

③ 机舱罩调整垫板垫在牛腿上方，绝缘垫垫在牛腿下方，用螺栓 M30×90 联接。

2）按照同样的方式吊装右下部机舱罩（见图 2-181）。

3）左右下罩对齐，用 28 个螺栓 M12×60、28 个锁紧螺母 M12、56 个大垫圈 12 连接。安装螺栓时，先在机舱罩前、中、后段装数套螺栓，再在剩余孔上装上螺栓，用气动扳手拧紧。

图 2-180　机舱罩左下部安装

图 2-181　机舱罩右下部安装

4）调整机舱罩左、右下部。

① 用气动扳手每隔 4 个连接孔拧紧一个螺栓，以减少装配受力不均导致机舱罩变形的问题。

② 调整好机舱罩牛腿与机舱罩弹性支撑的位置，对好连接处的孔位，保证牛腿和机舱罩不得与机舱平台干涉，将 6 个 M30×90 螺栓、6 个机舱罩调整垫板连接紧固。

③ 通过调整机舱罩牛腿的位置，使主轴锁定盘前端面和机舱罩主体前端面之间的距离为 189mm±10mm（对于扬普真空灌注机舱罩，此尺寸为 139mm±10mm）；主轴与轮毂配合止口到机舱罩挡雨环内侧最短距离（过主轴的轴线）为 1150mm±10mm（测量左、右、下部最低点处 3 个位置）（见图 2-182）。

④ 调整好机舱罩的位置后，确保机舱罩下部法兰口与偏航制动盘的同轴度合格。

⑤ 将牛腿紧固螺栓 M30×90 拧紧，再检查机舱罩的定位尺寸，确保符合要求。

⑥ 将 6 个机舱罩调整垫板与牛腿焊接（焊接要求是：采用角焊接，焊缝要连续，高度不低于 5mm），将螺栓 M30×90 拧至力矩 500N·m（见图 2-183）。

图 2-182　机舱罩主体位置测量

图 2-183　牛腿处焊缝位置

4. 安装寒带型隔板下部

调整好寒带型隔板下部与主轴连接法兰的同轴度，用螺栓 M10×50、垫圈 10、螺母

M10 连接固定，用棘轮扳手将螺栓拧紧（见图 2-184）。

注意： 常温型风机不需安装防寒隔板。

图 2-184 寒带型隔板下部

5. 安装炭尘收集盒及集电环排风管

1）将炭尘收集盒吊放到机舱罩尾部安装位置（见图 2-185），开盖一方朝前，配钻 4 个 ϕ11.5mm 通孔，对准孔位，用内六角圆柱头螺钉 M10×45、大垫圈 10、锁紧螺母 M10 将其紧固（由于不同厂家发电机外形尺寸差异，为便于炭尘收集盒的安装，可先将其与机舱罩左下部进行预装）。

2）安装集电环排风管，连接发电机尾部炭尘出口和炭尘收集盒孔位，用卡箍固定。

6. 安装空冷排风管

用一个卡箍 900 将空冷排风管（直径为 900mm，长度为 400mm）安装在风冷风扇出口，将另一端的卡箍固定在排风管上随机发运（见图 2-186）。

图 2-185 炭尘收集盒

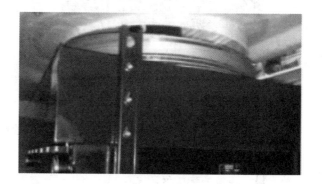

图 2-186 空冷排风管

7. 吊物孔护栏装配

用 8 个螺钉 M6×25、8 个垫圈 6 和 2 个螺钉 M10×25 将吊物孔栏杆左、右支架连接到机座尾部相应位置，再将吊物孔护栏栏杆装到左、右支架相应位置，与左、右支架连接处用一根吊物孔护栏插销固定（发电机侧），与右支架连接处用一根吊物孔护栏转轴固定，转轴下侧用 1 个螺栓 M6 × 16、1 个垫圈 6 将垫块固定在转轴上（见图 2-187）。

8. 机舱罩上部与下部连接

1）用吊带将机舱罩上部起吊至机舱上方，对准定位销孔位，从定位销的位置开始，用 80 个六角头螺栓 M12 × 60、80 个锁紧螺母 M12、160 个大垫圈 12 固定，用气动扳手拧紧（见图 2-188）。

图 2-187　吊物孔护栏

注意：机舱罩上部装配完成后，确认发电机顶部到机舱罩顶部最近距离不小于 40mm。

2）机舱罩装配完成后，在上、下、左、右罩体接缝处涂抹道康宁 7097 密封胶以保证密封性和美观，涂抹应均匀平整。

9. 安装寒带型隔板上部

1）按照安装寒带型隔板下部的方法安装上部防寒隔板（见图 2-189）。

2）连接两块防寒隔板的上下及左右连接法兰，用螺栓 M10 × 50、垫圈 10、粗牙六角薄螺母 M10 将其固定。

注意：常温型风机不需安装防寒隔板的有机玻璃。

图 2-188　机舱罩上下部连接

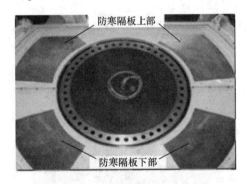

图 2-189　安装防寒隔板上部

10. 安装发电机排风管

用排风管连接发电机尾部排风口和机舱罩尾部排风口，用卡箍 780 固定，将排风管伸直，保持少量的拉伸余量（尽量压缩到排风管安装后不下坠的状态）后拧紧卡箍（见图 2-190）。

11. 机舱罩梯子安装

在发电机尾部安装机舱罩梯子，用六角头螺栓 M12 × 60、大垫圈 12、锁紧螺母 M12 紧固（见图 2-191）。

注意：若供应商已完成梯子的安装，此步骤可以省略。

12. 机舱吊机安装

1）如图 2-192 所示，将葫芦主体吊起安装在固定梁或轨道上，拧紧螺栓。在安装时应

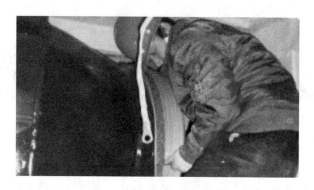

图 2-190　发电机排风管

保证轨道与小车轮缘的间隙为 2～3mm（使用调整垫圈进行调整），联轴部件的中心必须在梁中心的位置上，并确保导轨正常滑动。使用锁紧装置顶住导轨，将吊机固定在吊物孔正上方，防止吊机在导轨上滑动。

2）把链条整理好，装进机舱吊机链条槽内。

图 2-191　机舱罩梯子

图 2-192　机舱吊机

13. 防腐修补及标识粘贴

安装完毕后，检查零部件数量，对损伤和裸露的涂层按要求进行补漆，按照要求进行相关安全标识的粘贴。

项目三　风力发电机组在风电场的吊装与调试

　项目导读

风力发电机组各部件运至风电场之后要进行吊装。在风电场吊装时应遵守工艺流程及安全注意事项。

本项目是以 2.0MW 双馈异步风力发电机组为例讲解各部件在风电场的储存、吊装。各部件每一个步骤的装配按项目一的要求进行，装配用到的设备、工具、器具等都有相应的规定。

　项目目标

1. 知识目标

1）掌握风机吊装的安全操作规范。
2）掌握风机吊装用工、器具及吊具的使用方法。
3）掌握塔筒的吊装方法和步骤。
4）掌握机舱的吊装方法和步骤。
5）掌握叶轮的吊装方法和步骤。
6）掌握电缆的连接方法。
7）掌握风力发电机组的调试。

2. 技能目标

1）能识读风力发电机组风电场安全操作规范。
2）能识读风力发电机组吊装工艺。
3）能识读风力发电机组电气接线原理图。
4）能熟练运用工、器具及吊具。
5）能确定风力发电机组的调试项目。
6）能够做好风电场各部件的存储、布置以及吊装前的准备工作。

3. 素养目标

1）重视设备及人身安全。
2）热爱本职工作，工作态度积极主动，工作中乐于奉献，不怕吃苦。
3）形成质量意识、团队意识和创新意识；具有爱岗敬业、诚实守信等良好品质。
4）有良好的工作习惯，如认真严谨、安全操作、善始善终、爱护工具及其他维护用品。
5）勤学好问，不断提高自身的综合素质。

任务一　吊装前的准备

一、风机吊装前应具备的条件

1）风机基础施工完成，混凝土经过充分保养，基础四周被沙土完全充填与压实。

2）现场运输道路及吊机位置处的地面承载力为 $1 \sim 1.5$ MPa。

3）风机部件和设备完全到位。

4）核对安装所需的螺栓、螺母、垫圈及其他标准件的规格、型号和数量。高强度螺栓不得暴露在雨雪中施工。

5）具有足够的安装场地，场地建议面积为 80m × 80m。风机各部件及吊机在风电场布置按图3-1所示进行放置。具体布置需结合现场条件，方便各机组部件的吊装即可。

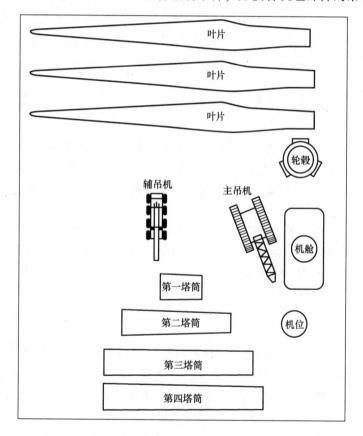

图 3-1　风电场布置示意图

6）安装所需的工装、工具、吊具、辅料等已经准备齐全，检查安装所需吊带、风绳及其是否满足吊装要求，见表3-1。

7）到达风电场的零部件质量通过相关部门的验收并具有验收报告、合格证。

8）确保基础环法兰上平面水平度误差在3mm之内，没有严重的损伤和变形。

表3-1　吊机、吊具

序号	吊具名称	规格/型号	数量	用途
1	主吊机	建议550t及以上	1台	塔筒、机舱、叶片和轮毂吊装
2	辅吊机	建议150t及以上	1台	辅助塔筒和叶片吊装
3	辅吊机	250t及以上	1台	辅助叶轮组装
4	圆形吊带	40t×10m	2根	塔筒吊装
5	圆形吊带	40t×6m	1根	塔筒吊装
6	圆形吊带	40t×5.7m	2根	机舱吊装（后吊耳）
7	圆形吊带	40t×5.2m	2根	机舱吊装（前吊耳）
8	扁平吊带	40t×20m×300mm	2根	叶轮组装及吊装
9	扁平吊带	20t×8m×300mm	2根	叶轮组装及吊装
10	叶片牵引套		3件	吊装过程叶片牵引
11	风绳	150m	3根	许用拉力不小于15kN
12	圆形吊带	10t×10m	3根	轮毂位置调整
13	圆形吊带	3t×10m	4根	电控柜安装
14	卸扣	3t	8个	电控柜安装

二、吊装安全事项

风机开始安装前，零部件的接收、卸车和储存等施工操作应注意以下安全事项。

1）风机安装现场的道路在安装前一个月需三方会审。道路应平整、通畅并符合运输储存手册中对道路的要求，能保证各种施工车辆安全通行，没有达到要求的道路需提前通知业主，在风机安装前完成整改。

2）风机安装场地应满足吊装需要，应具有足够的零部件存放场地。

3）风机安装开始前，应会同业主、监理、吊装公司开展关于风机吊装技术及安全指导会议，并共同完成对安装工具、吊具的检查，认真商讨学习吊装工具的安全使用方法。

4）对特别重要或安全性要求较高、危险性较大的工具进行重点检查和指导。比如：吊具的验收与使用，风绳尺寸、完好性检查及使用规范，液压扳手的型号、完好性、使用规范是否满足各处螺栓标准力矩值。

5）风机安装开始前，施工单位应向建设单位提交安全措施、组织措施、技术措施，经审查批准后方可开始施工。安装现场应成立安全监察机构，并设安全监督员。

6）每一安装现场均应设置唯一的安装指导员，负责整个风电场的安装指导工作，在场各人员应尽量保证让指导员清楚知道自己所处的位置，并能对指导员的安排做出迅速的反应。

7）卸货现场周围必须设置安全警示，应通知授权人员并进行安全检查，起重机区域必须明确标明"起重机臂下严禁站人"，此处附近禁止人员逗留。

三、安装准备工作流程

风机安装前的准备工作总体流程见图3-2。

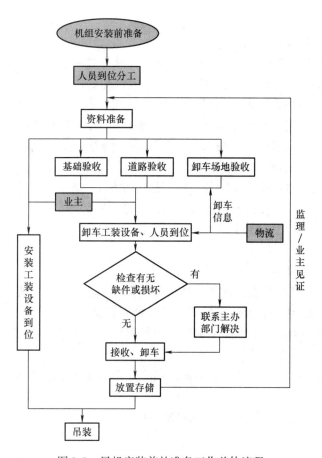

图 3-2　风机安装前的准备工作总体流程

任务二　塔筒的吊装

一、塔筒的卸车与储存

1. 地面支架放置

放置塔筒的地面必须平坦坚固，不会凹陷或使塔筒滚动。塔筒卸车前，应先在地面做好放置塔筒的准备工作。

1）如果塔筒运输时未使用 U 形运输工装，那么在塔筒卸车前应使用大型支座自由放置在地面上支撑塔筒，且支座要尽可能靠近法兰。支座类似铁轨枕木，在塔筒与支座之间使用垫料防止损坏涂敷层，如最小厚度为 10mm 带有塑料膜或衬垫的一块地毯。

2）如果塔筒运输时使用 U 形运输工装，塔筒法兰上配备了大型支座，卸车时可以直接将塔筒与运输工装、法兰十字支撑架及两端法兰面防护罩一起吊下放置在地面上。因此，对于此种情况，塔筒卸车前应将地面挎平，不用放置支座。

2. 塔筒卸车

塔筒的卸车方案有以下两种。

方案1：在塔筒上法兰面3点钟、9点钟位置（从外往内看）各安装一个吊座，在下法兰面12点钟位置安装辅助吊板，使用两台起重机进行卸车。

方案2：用两根扁平吊带固定在塔筒重心两侧，用一台起重机进行卸车。

根据现场情况，选用方案1卸车时，可用一台起重机挂两根10m吊带通过卸扣与吊座相连，使用另一台起重机连接一根6m吊带，吊带通过卸扣与辅助吊板相连；若选用方案2卸车，可用起重机挂两根40t×20m×300mm扁平吊带直接绑在塔筒重心左右对称位置。

若塔筒到现场后可以直接用于安装，则可采用方案1，验货完毕后，将上法兰安装所需螺栓放在上塔架平台上，安装吊具后即可迅速进入塔筒安装环节。

从塔筒的重量、安全及现场的实际情况（通常不会立即吊装）考虑，推荐采用方案2卸车。

塔筒卸车的具体步骤如下。

1）先将运输车辆停在平坦、宽敞的地面上（通常是机位处），然后根据现场塔筒运输车辆是否有U形运输工装决定是否需要先在地面放置支架。

2）移去运输车辆及塔筒法兰固定用绳索和紧固件，并集中存放以返还给厂商。

3）按上述方法安装好吊具。

4）起动起重机，将塔筒吊离运输车辆，然后开走运输车辆，缓慢将塔筒卸至预先备好的地面。

5）移走起重机进行下一段塔筒或其他物料卸车。

3. 塔筒的储存

将塔筒卸至地面并放稳，塔筒上的包装应该保留完整，包括防变形十字支架、塔筒上下法兰处保护罩，以免在露天存放时雨水、灰尘侵入塔筒内弄脏或腐蚀塔筒内表面。

若塔筒储存时间超过一个月，应定期检查塔筒表面包装是否完好，塔筒法兰处及内表面是否有被侵蚀情况，若有则在吊装前修复腐蚀部位，并重新包好包装。

放置塔筒的地面必须平坦坚固，避免大风、台风或暴雨时造成地面凹陷而使塔筒滚动。根据塔筒运输时是否使用U形运输工装，大风或台风期间塔筒储存还需满足以下要求。

1）将塔筒集中放置，尽可能使塔筒轴线与台风主风向平行。

2）使用U形运输工装情况。塔筒两端法兰运输支架必须平稳放置在地面上，将4条张力绳（钢丝绳或铁链）两根为一组（强度在35t以上）连接固定在塔筒前后运输支架左右两侧，并将绳子另一端固定到预先安装的土层锚栓锚头上，塔筒与运输工装选用拉力型土层锚栓加树脂锚固剂对运输支架进行固定（见图3-3）。

3）未使用U形运输工装的情况。需要在地面垫加类似铁轨枕木以支撑塔筒，将4条张力绳（钢丝绳或铁链）两根为一组（强度35t以上）分别通过螺栓固定在塔筒前后法兰3、9点钟位置或附近螺栓安装孔，并将绳子另一端固定到预先安装的土层锚栓锚头上（见图3-3），锚栓的长度不小于2m，公称直径为20mm。

锚栓的安装步骤如下。

① 用ϕ25mm的钢钎进行打孔，深度要大于锚固体长度。

② 将土锚安装到孔内，倾斜 $0° \sim 30°$，埋入土层的深度以露出螺纹端杆为准，用树脂锚固剂填补锚栓与土壤壁的缝隙。

③ 待树脂锚固剂凝固后，将张力绳固定到锚栓上。

④ 为防止强风及伴随台风的暴雨对螺栓或塔筒法兰的损坏，要用防水型保护罩保护好塔筒法兰和螺栓，并用铁丝或卡箍等固定好塔筒两侧保护罩。

⑤ 若塔筒储存时间超过一个月，应定期检查塔筒表面包装是否完好，塔筒法兰处及内表面是否有被侵蚀的情况，若有则在吊装前修复腐蚀部位，并重新包好包装。

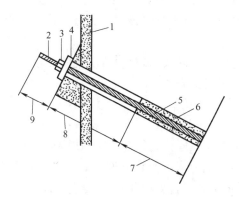

图 3-3 土层锚栓结构示意图

1—结构物 2—螺纹端杆 3—螺母 4—垫板 5—钢拉杆
6—树脂锚固剂 7—锚固段 8—自由段 9—锚头

二、塔筒安装

1. 塔筒安装说明

1）2.0MW 风力发电机组的塔筒由 4 节组成，每节塔筒都有塔筒平台、照明系统和塔筒梯子，这些已经由供应商安装好，现场必须检查安装是否正确、牢靠。

2）塔筒起吊前，塔筒厂家服务人员应当检查塔筒法兰的平面度，保证顶节塔筒上法兰面平面度误差不大于 0.5mm，其他各节塔筒法兰面平面度误差不大于 1.5mm。

3）塔筒吊装前要关注气象条件是否满足吊装要求，具体要求如下。

a. 当平均风速超过 10m/s（轮毂高度处 10min 内的平均值）或阵风超过 12m/s（轮毂高度处 2s 内的平均值）时，禁止安装塔筒。

b. 第三、四节塔筒和机舱不能在同一天吊装完成时，应将第三、四节塔筒的吊装推迟到机舱吊装前一刻进行。如第三节塔筒已经吊装，由于风速过大不能起吊机舱时应把第三节塔筒吊下，或者将力矩值打满 100%，主吊机不松钩，挂住第三节塔筒。

4）塔筒螺栓安装到位后，首先要用电动扳手进行预紧（预紧力为终紧力矩的 10%，现场电动扳手应满足此要求）。要求上下节塔筒法兰螺栓紧固完毕后，塔筒缝隙内侧宽度不能超过 0.5mm，外侧宽度不能超过 0.3mm。

2. 塔筒安装步骤

（1）安装前检查　为确保吊装过程的安全和顺利，塔筒吊装前要进行以下检查。

1）塔筒的圆度检查。确保塔筒的圆度误差在2.5mm以内，不满足要求时，禁止用千斤顶校正，应退还厂商。

2）塔筒动力电缆或母线排已经预装完成。

3）塔筒照明系统已经安装到位。

4）检查塔筒爬梯、塔筒平台、照明灯、电缆夹等的安装是否松动，如果有则安装牢固。

5）检查各节塔筒联接螺栓和塔筒壁防腐层是否有损伤，如果有则需塔筒厂家按照防腐要求补上。

6）在吊装塔筒前的两天内用拖把、抹布、清洗剂清理塔筒内外表面的灰尘和油污。吊装时，如塔筒仍有灰尘和油污等，应再次清理干净后再吊装。

7）清理塔筒法兰各个螺纹孔及基础环上法兰面的杂物。

8）检查并核对塔筒螺栓型号、规格、数量。检查螺栓是否有生锈或螺牙损坏情况，发现有生锈或螺牙损坏的必须更换螺栓，必须立即通知现场负责人，补全、更换新螺栓。

（2）基础平台支架安装　塔筒基础平台支架的安装步骤如下。

1）用两根圆形吊带固定基础平台支架并起吊，将其吊入基础环内，保证它与基础环同心（用卷尺测量基础平台支架4个竖直工字钢与基础环的距离，使四处距离相等），且基础平台的安装方向与塔筒门的对应位置关系为塔筒门朝向下风向及道路，位置调整好后，缓慢放下支架（见图3-4）。

2）将支架安装到基础平台上，用膨胀螺栓M16×50、锁紧螺母M16、垫圈16将其与地基连接紧固，如有预埋钢板则将平台支架4个工字钢末端与预埋钢板焊接固定。

注意：如果塔筒厂家到货时基础平台（花纹钢板）已经安装好，为避免安装第一节塔筒时平台与塔筒法兰干涉，需先把周围基础平台卸除（见图3-5），待第一节塔筒吊装完成后再安装基础平台。如果塔筒厂家到货时基础平台未安装好，待第一节塔筒吊装好后再用螺栓M10×35、螺母M10、垫圈10安装基础平台（此标准件由塔筒厂家提供）。

图3-4　基础平台支架安装

图3-5　基础平台拆卸

（3）变流器、塔基柜与塔基变压器的安装

1）变流器、塔基柜与变压器等电气设备安装前的拆箱操作。首先拆卸外包装木箱底部的固定在运输底座上的螺栓（锁扣、铁钉等），用吊带将整个外包装木箱向上提起，并将木箱稳妥地放置在柜体旁边，露出带有内包装袋的柜体。拆开内包装袋与底座相连接的胶带、扣带等，然后将内包装袋从柜体往上整体拿开，与包装木箱放置在一起，以便用于防护包装。

注意： 禁止野蛮拆箱，禁止使用刀具或尖锐工具破坏、撕裂变流器、塔基柜、变压器等电气设备的内部包装袋（塑料袋或锡箔膜包装袋等）。

2）用两根吊带和卸扣对角缓慢平稳起吊变流器，到达基础平台上方 1m 左右后缓慢下降，对好安装孔位，将其放到基础平台上的安装位置，用 24mm 呆扳手将 8 个螺栓 M16×60、8 个螺母 M16、16 个垫圈 16 拧紧并将变流器安装牢固。

3）用两根相同的吊带和卸扣起吊塔基柜，缓慢下降将其放到基础平台上的安装位置，对好安装孔位后，用 19mm 呆扳手将 4 个螺栓 M12×40、4 个螺母 M12、8 个垫圈 12 拧紧将其安装牢固。

4）用两根同样的吊带和卸扣起吊塔基变压器，缓慢下降将其放到基础平台上的安装位置，对好安装孔位，用 4 个螺栓 M12×40、4 个螺母 M12、8 个垫圈 12 连接将其安装牢固，再卸掉吊具。

变流器、塔基柜和塔基变压器的安装见图 3-6。

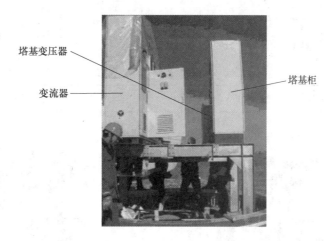

图 3-6　变流器、塔基柜和塔基变压器的安装

塔筒吊装后，超过 15 天未吊装机舱的机组，塔筒内电气设备的防护措施如下。

1）变流器、塔基柜、塔基变压器等电气设备安装后用防水胶泥将柜体上的线缆孔封堵，以防潮气进入，并在电气设备柜体内放置不低于 500g 的干燥剂。

2）检查拆箱时留下变流器、塔基柜、塔基变压器等电气设备的内部包装袋是否有破损、孔洞，如存在破损、孔洞则用胶带将其封住。

3）用检查合格或修补合格的拆箱时留下变流器、塔基柜、塔基变压器等电气设备的内部包装袋从上往下将对应的电器柜体套住，再用胶带将包装袋底部与电器柜体紧密贴实粘住，再用缠绕膜将整个电器柜体缠绕两遍密封。

4）打开塔筒底部的预留出水口，以保证塔筒内部不积水。

5）用缠绕膜将塔筒上的预留电气接口、接头等堵住或缠绕密封。

塔筒吊装后及机舱未吊装前，应对塔筒内电气设备进行检查。具体检查内容如下：

1）原则上要求每天对塔筒内电气设备进行检查，以保证塔筒吊装后及机舱未吊装前这段时间电气设备不破损、受潮，保证其质量。

2）如现场经历了短时大雨，则在雨停后应对塔筒内电气设备进行检查，判断是否存在积水、进水现象，如存在积水、进水现象则应清除积水，并用胶带和缠绕膜修复漏水部位。

3）如现场连续下雨，则应在雨势持续24h后对塔筒内电气设备进行检查，判断是否存在积水、进水现象，如存在积水、进水现象则应清除积水，并用胶带和缠绕膜修复漏水部位。

（4）第一节塔筒吊装

1）吊装前的准备。

① 工具、物料准备及硅酮耐候密封胶涂抹。将第一节塔筒与基础环连接用的螺栓、螺母、垫圈放进基础环内，将螺母和垫圈排开；准备好安装塔筒所用的工具和硅酮耐候密封胶；清理基础环法兰上的混凝土渣及垃圾灰尘，在基础环法兰面上距外边缘10mm处均匀地涂上一圈硅酮耐候密封胶（要求宽约8mm、高约5mm，见图3-7）。

图3-7 密封胶涂抹

② 螺栓及螺母的润滑。塔筒联接螺纹均采用全润滑方式，螺栓及螺母涂抹部位见表3-2。

表3-2 螺栓及螺母涂抹部位

螺栓配合的螺纹（涂抹长度为螺栓直径的1.5～2倍）	螺母接触端面
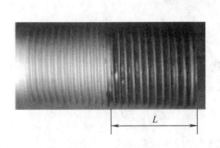 要求：$1.5d \leq L \leq 2d$　其中：d 为螺纹公称直径	

注：只需按上述要求抹涂表中图示部位即可，在垫片和工件的端面不需要额外涂抹。

③ 塔筒吊具的安装。在第一节塔筒下法兰面12点钟位置安装塔筒辅助吊板，在第一节塔筒上法兰面3点钟和9点钟位置安装塔筒吊座（见图3-8和图3-9）；将一根6m吊带通过卸扣连接到塔筒辅助吊板上，将两根10m吊带分别通过卸扣连接到塔筒吊座上，10m吊带按图3-9对折；将第一节塔筒与第二节塔筒联接螺栓、安装工具、灭火器、母线排连接器等放到第一节塔筒上平台，固定好，防止掉落。

图 3-8 辅助吊板安装

图 3-9 吊座安装

2）塔筒起吊及安装。

① 将两根 10m 吊带与 550t 主吊机吊钩连接，一根 6m 吊带与 150t 及以上辅吊机吊钩连接。

② 两台吊机同时缓慢起吊（见图 3-10），当塔筒下法兰离地面约 1m 时，工作人员迅速清理塔筒下方的灰尘杂质，并对磨损表面处进行补漆。

③ 清理完后，主吊机继续提升，辅吊机根据主吊机吊钩上升速度缓慢提升塔筒底端，使塔筒垂直于地面。

注意：起吊过程中塔筒的下法兰不允许接触地面。

④ 当塔筒处于垂直位置后，拆除塔筒底部吊具，即辅助吊板，并在塔筒下法兰安装两根风绳，用来调整塔筒下落时的方向。

⑤ 当塔筒底部距离塔基柜上方 300mm 左右时，用风绳控制塔筒对好位置（塔筒门），并引导塔筒缓慢下降，下降到距基础环上法兰一定位置后，外部工作人员拆下风绳（见图 3-11）。

注意：塔筒下降时不要与塔基上的柜体碰撞。注意塔筒门与塔基柜的对应关系。

⑥ 用事先准备好的螺栓、平垫圈从下往上套入两个法兰面螺栓孔，慢慢旋转塔筒，使塔筒与基础环法兰侧面的接地螺栓柱对齐，并对准螺栓。

⑦ 对孔连接预紧螺栓。

图 3-10 塔筒起吊

图 3-11 风绳引导塔筒下降

⑧ 塔筒缓慢落下直到基础环与塔筒的法兰面接触时停止，吊机负载保持 5t 左右，在上面手动套入垫圈，拧上螺母（见图 3-12）。

注意：垫圈的倒角必须一直朝向螺栓头部或螺母（见图 3-13）。

⑨ 用电动冲击扳手或液压力矩扳手十字交叉对称初步拧紧所有螺栓（见图 3-14），拧紧之后移除吊机和吊具。

图 3-12　手拧螺栓

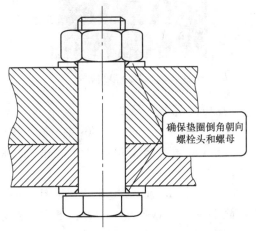

确保垫圈倒角朝向螺栓头和螺母

图 3-13　垫圈安装示意图

⑩ 用液压扳手以规定力矩值的 1/2 按十字交叉对称紧固所有螺栓，然后检查塔筒法兰内侧的间隙，如果 4 个螺栓间的法兰间隙超过 0.5mm，则要使用填隙片（不锈钢片）填充。

注意：塔筒法兰外侧绝对不允许有间隙。

⑪ 使用液压扳手以技术要求规定的力矩值最终紧固所有螺栓（见图 3-15），最后以终紧力矩值抽检 20% 螺栓。

⑫ 用防水记号笔在垫片、螺母、螺栓上划出连续明显的防松标记。

图 3-14　螺栓初步拧紧

图 3-15　螺栓终紧

⑬ 安装塔筒外部爬梯。将塔筒外部爬梯与塔筒外安装位置对齐后，用 4 个螺栓 M16 × 50、4 个螺母 M16、8 个垫圈 16 连接紧固，并将爬梯底部垫好、垫稳，保证爬梯安装牢固可靠（见图 3-16）。

注意：塔筒外部爬梯安装所需标准件由塔筒厂家提供。

⑭ 基础平台的补充安装。将第一节塔筒内部四周被拆卸下来的花纹钢板重新安装到基础平台支架上，并用螺栓 M10×35、螺母 M10、垫圈 10 加以紧固（见图 3-17）。

图 3-16　塔筒外部爬梯安装

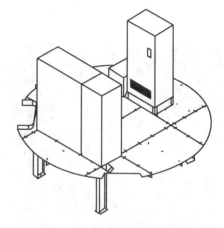

图 3-17　基础平台重新安装

（5）第二、第三、第四节塔筒吊装　第二、三、四节塔筒的吊装过程同第一节塔筒。注意事项如下：

① 上下两节塔筒在对接时要保证塔筒梯子对齐。

② 机舱与塔筒联接螺栓及二硫化钼等必须全部准备好并放置于第四节塔筒顶部平台上随塔筒一起起吊。

③ 塔筒联接螺栓的终紧力矩值按照安装要求，安装现场应根据各力矩扳手的具体参数及力矩值确认操作压力。

④ 塔筒联接螺栓施工方法参照风力发电机组螺栓安装作业指导书。

任务三　机舱的吊装

一、机舱的卸车与储存

1. 机舱的卸车

机舱卸车前，先要安装卸车吊具，安装方法和卸车过程如下。

1）首先由施工人员从机舱底部吊物孔进入机舱，拆掉运输包装，拆卸机舱顶部前后矩形吊装盖板（见图 3-18）。

2）分别用两根 40t×5.2m 圆形吊带和两根 40t×5.7m 圆形吊带挂 55t 卸扣连接到机座前吊耳和后吊耳上，将 4 根机舱吊带挂入主

图 3-18　拆卸吊装盖板

吊机吊钩内，要求确保挂牢（见图 3-19）。

3）吊具安装完毕，在运输工装前要系两根引导绳，先缓慢起动吊机。

4）待吊带快拉直时吊钩停止上升，施工人员调整吊带，保证吊带不打结、不扭曲，检查吊钩内吊带的位置是否完全在吊钩内，调整好后所有人员离开机舱（见图 3-20）。

图 3-19　吊具安装

图 3-20　机舱起吊

5）由地面上的人拉住两根引导绳并控制方向，将机舱连同运输工装一起安全吊至目的地且缓慢平稳放下。

6）将引导绳、吊带和卸扣等起重设备移除，将起重机与机舱分开，起重机返回待命。关闭机舱的吊装盖板。

2. 机舱的储存

机舱重量约 90t，要求机舱运输架下的地面必须坚固，能承受的载荷为 $22.3t/m^2$。可在机舱运输架下垫承重型枕木类物体（如钢板、T 形梁或铁路轨枕），以分散集中压力，减小地面单位负荷。同时使机舱罩运输架下部腾空，以避免暴雨天气运输架框内积水，造成地面局部沉陷集水而损坏机舱。

现行的包装方案为整体包裹，所以机舱卸车到放置地点后，工程服务人员必须用运输保护罩外套防护网将其整体包住，并再次检查机舱上的包装防护帆布是否牢固，如果出现松弛，必须再次紧固，防止外包装被风吹起（见图 3-21），以免露天存放时碰坏外表面，并避免太阳直接照晒、雨淋，防止雨水、沙尘进入机舱内，尤其要保护好锁紧盘端面，防止雨水进入主轴的空心轴以及沙子吹入偏航系统相关部位。机舱运输架及外包装防水帆布，使用完毕后应集中放置，最后统一返还企业。

对于超强风天气，甚至台风期间，机舱的储存还需采取特别保护措施，防止被风吹倒或损坏。具体保护措施如下。

1）尽可能将机舱放置在有挡风物的平地上，且机舱长度方向与风向平行，防止被风从侧面吹倒。

2）在机舱运输工装前方及左、右两侧各安装一个土层锚栓，后方及左、右两侧也各安装一个土层锚栓，然后用铁链或钢丝绳（抗拉能力不低于 8t）一端固定在运输工装悬挂点上，另一端固定在锚栓头上。锚栓长度以 2m 左右为宜。

3）对储存时间过长的机舱（超过 6 个月），安装前需重新进行专项检查，如对刮花或擦伤的地方进行补漆、对锈蚀的部位进行清洗等。检查清理完成后方可进行现场安装。

注意：机舱等物料储存期间要定期进行巡检，保证每周一次，保证包装防护等完好。

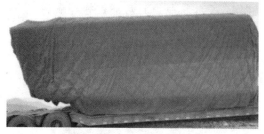

图 3-21　机舱外包装

二、机舱安装

1. 吊装前的清理

吊装前应先拆除机舱运输保护罩，并统一回收利用。检查机舱罩表面、主轴法兰面及法兰螺栓孔是否有污迹，如有则用干净无纤维抹布和煤油将污垢和污迹清除干净（见图 3-22）；检查机舱罩外表面是否有破碎的地方，若有则及时进行修复。

2. 测风桅杆及测风仪的安装

（1）风速风向仪的安装与穿线

1）将风速风向仪的安装组件（包括电缆）依次套入测风桅杆支架上的安装孔中。

图 3-22　机舱清理

2）安装风速风向仪时，在安装接合面上涂抹适量密封胶，在紧固螺栓（蝶形螺栓）的螺纹上涂抹螺纹紧固胶，最后拧紧螺栓。

3）风速风向仪安装完成后，将电缆穿过测风桅杆主体方钢上端同侧面的电缆防水接头，并沿方钢中孔穿出测风桅杆底部安装法兰。

4）电缆整理完毕后，锁紧电缆防水接头。

（2）测风桅杆的安装

1）将安装好风速风向仪的测风桅杆运送到机舱尾部的安装位置。将测风桅杆防雷接地线从安装位置下方的机舱内解开绑扎，沿安装处的中孔穿出，解下绑扎在这根电缆尾部的50-16 线耳。

2）将防雷接地线穿入测风桅杆底部安装法兰（方钢）中孔，并从侧孔穿出。

3）理顺风速风向仪电缆，沿机舱测风桅杆安装法兰中孔穿入机舱内部。将测风桅杆底部安装法兰对孔到机舱的安装孔上，注意不要擦伤电缆。

4）将防雷接地线整理好，若电缆过长可适当剪短，将刚才解下的 50-16 线耳压接到电缆端头上。

5）用 8 组螺栓 M16×65、垫圈 16（每组两个）、锁紧螺母 M16 连接测风桅杆底部安装板与机舱罩上部，并用扳手紧固。

注意： 要将机舱内的两个机舱屏蔽网线耳和防雷接地线线耳套入最近的螺栓一同固定（见图 3-23）。

6）最后将测风桅杆上的接地线开孔及机舱内外的测风桅杆联接螺栓头用耐候密封胶进行密封处理（见图 3-24）。

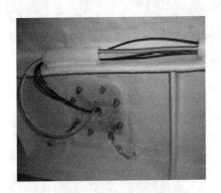

图 3-23　屏蔽线固定

图 3-24　螺栓头密封

风速风向仪安装效果见图 3-25。

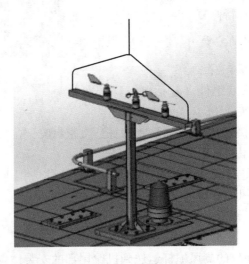

图 3-25　风速风向仪安装效果

3. 航空灯的安装

航空灯的安装方法和步骤如下。

1）航空灯电缆在车间已安装好，放在机舱柜侧，且已布线到航空灯安装位置的下方（见图 3-26）。

2) 现场安装时，将航空灯的信号线和电源线从机舱内部通过安装处的开孔位置向外引出，电缆过长时可适当剪短，制作好电缆端头，接入航空灯（见图3-27）。

图3-26 航空灯安装

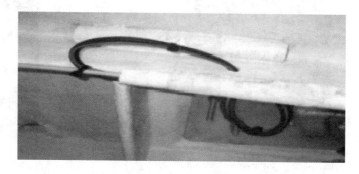

图3-27 航空灯电缆布线

3) 用4组螺栓M12×80、平垫圈12（2个1组）、锁紧螺母M12联接，用扳手将其紧固。将机舱内外的航空灯联接螺栓头用耐候密封胶进行密封处理。

4) 安装完成后，余量电缆在航空灯下方机舱内用扎带加以固定。

4. 机舱的吊装

（1）机舱吊装前的准备

1) 清理机舱内的灰尘和杂质。

2) 将机舱梯子、底部吊装孔盖板、底部运输孔盖板、塔筒防雷装置、机舱与叶轮系统的联接螺栓以及安装工具放到机舱内安全位置，固定好随机舱一起吊装（见图3-28）。

3) 安装工具及机舱与塔筒的联接螺栓必须全部准备好并放置在第四节塔筒顶部平台上待用。

（2）机舱起吊

1) 在机舱前后各安装一根风绳，在机座4个吊耳上安装吊具，连接吊带将其挂到主吊机吊钩上。

图3-28 机舱吊装前准备

2) 由两三名工作人员登上第四节塔筒平台，清洁上法兰面，清除锈迹和毛刺，并在法兰外侧距外边缘10mm处均匀涂抹一圈耐候密封胶（要求宽度约为8mm、高度约为5mm）。

3) 拆卸机舱与运输工装间的联接螺栓，试吊一下机舱，确保吊具、吊带安全（见图3-29）。

4) 起吊机舱至1.5m高左右，清理机舱底部法兰处的杂质和锈迹。

5) 杂质和锈迹清理完成后，缓缓提升机舱（见图3-30）。

6) 将机舱提升超过上塔筒的上法兰后，按照塔上安装人员的指挥缓慢移动吊机（见图3-31），待机舱在塔筒的正上方时，缓慢下降机舱至离塔筒上法兰的距离1cm左右时，吊机停止，通过引导棒和机舱内安装人员实施下一步操作。建议机舱纵轴线偏离当前风向90°的位置，以便于叶轮的安装（见图3-32）。

7) 用导向棒对准安装螺纹孔，用72个螺栓M36×310、72个垫圈36将塔筒与机舱联接，并用手拧上。

图 3-29　吊具安装

图 3-30　机舱起吊

图 3-31　机舱与塔筒对接

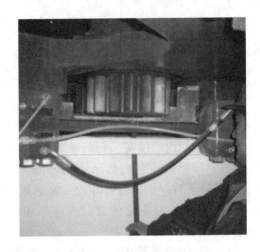

图 3-32　引导棒引导机舱安装

8) 将机舱完全落下，但吊机还要负荷机舱重量的 1/2，先用电动扳手初拧所有螺栓，然后用液压扳手按照对称交叉原则分两次拧紧所有螺栓，第一次为终紧力矩的 1/2，最后按终紧力矩 1850N·m 拧紧，以终紧力矩值抽检 20% 螺栓。

注意： 紧固螺栓时必须是全润滑方式。

9) 安装人员进入机舱，拆卸引导绳和吊具，撤走吊机。

注意： 拆卸引导绳时，要保证塔筒附近无人站立，确保安全。

10) 底部运输孔盖板的安装。将底部运输孔盖板安装到机舱罩底部运输孔法兰上，用 6 个螺栓 M8×40、12 个大垫圈 8、6 个锁紧螺母 M8 连接，用 14mm 呆扳手将其紧固，然后在接合处的法兰面涂抹耐候密封胶进行密封处理（见图 3-33）。

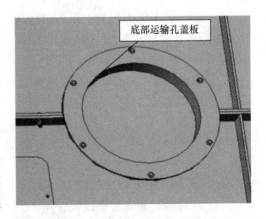

图 3-33　底部运输孔盖板的安装

94

（3）机舱罩上部盖板的安装

1）将空冷盖板通过合页放下盖好，从机舱内部用13个螺栓M10×45、26个大垫圈10、13个锁紧螺母M10连接，用16mm呆扳手将其紧固。

2）将前、后吊装盖板通过合页放下并盖好，从机舱内部用11个螺栓M10×45、22个大垫圈10、11个锁紧螺母M10将其与机舱罩法兰连接，再用16mm呆扳手将其紧固，前、后吊装盖板的位置见图3-34。机舱上部盖板与机舱罩连接面缝隙处、螺栓螺母处应涂抹硅酮密封胶进行密封处理。

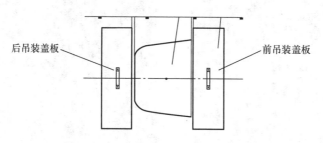

图3-34　机舱罩顶吊装盖板的安装

（4）齿轮箱风冷排风管的安装　安装之前，先用55mm活扳手将4个螺母松开，调整下部螺母至底板之间的距离为140mm（见图3-35和图3-36）。然后将齿轮箱空冷排风管一端与风扇出风口用卡箍连接，另一端用卡箍与机舱罩上部出风口连接，并用螺钉旋具紧固卡箍和螺钉。

注意：排风管中间需保留1～2圈伸缩量。

图3-35　松开冷却风扇螺母

图3-36　调节螺柱至底板的距离

注意：机舱所有安装工作完成后，如果因下雨、下雪等原因无法及时吊装叶轮系统，应将机舱与叶轮系统对接的法兰面用防护套保护起来。

任务四　叶轮的吊装

一、轮毂的卸车与储存

1. 轮毂卸车吊具的安装及卸车

1）在安装吊具前，应先将轮毂上的包装拆除，以便吊带能够伸入。

2）选用 3 根 10t×10m 的圆形吊带，分别从轮毂上方 3 个轮毂与叶片连接面的孔穿入，吊带与轮毂接触部位应加垫保护层，防止变桨轴承齿面损坏吊带（见图 3-37）。

3）轮毂重量为 20～25t，选择合适的吊机，待吊具安装完毕后缓慢起动吊机。

当吊带将要拉直时暂停吊机，安装人员检查吊带是否打结、吊带位置是否正确、保护层是否脱落等，检查完毕后安装人员离开轮毂，牵引控制引导绳，将轮毂吊至目标区域，缓慢降下，移走起重设备，将其集中存放。

图 3-37　轮毂卸车

2. 轮毂的储存

轮毂储存场地要求地面坚固，能够承受 19.4t/m² 的负荷。留足叶片组装所需空间，运输架下面还需加垫枕木，使地面受力均匀，避免造成倾覆而损坏轮毂。

如图 3-38 所示，存储期间应确保轮毂外包装无破损，工程服务人员必须定期检查轮毂上的防水保护帆布和防护网是否牢固，如有松弛，必须再次紧固，防止外包装被风吹起，避免造成太阳直晒和雨淋对轮毂内零部件带来不必要的损伤。所有运输支架和保护罩使用完毕后，必须集中放置，最后统一返还企业。

大风天气或台风期间，轮毂的储存需采取特别防护措施，防止被风吹倒或损坏。具体措施如下。

1）必须将轮毂放置在平整地面上，且尽量放在背风向处。

图 3-38　轮毂带运输架现场放置

2）在轮毂运输支架工字钢上固定圆孔旁边约 1m 处各安装一个土层锚栓，然后用铁链或钢丝绳（抗拉能力不低于 8t）一端通过 15t 以上卸扣固定在运输支架固定孔上，另一端固定在锚栓头上。锚栓长度为 2m 左右。

3）电池的存储（针对 OAT 变桨系统）。为了避免存储不当或存储时间太长造成变桨系统备用电池损坏，从而影响整机的现场调试及后期运行，要求对非应用期间的变桨系统备用电池进行单独存储并定期充电。存储方法的正确与否对维持蓄电池的供电可靠性、安全性及蓄电池的使用寿命非常重要。风机吊装前蓄电池的存储要求如下。

 a. 蓄电池存储前要确保充足电。

 b. 蓄电池应存放在阴凉、干燥、通风、清洁的环境中，严禁受潮、雨淋。

 c. 避免蓄电池受阳光直射或其他热源影响导致过热。

 d. 蓄电池不能重叠堆放，要以 3 个电池组为一个单元进行存放，与原变桨系统的相应轴控箱做好对应标记。

 e. 蓄电池存放期间要避免由于自身跌落或受到其他外力撞击而造成机械损伤。

 f. 蓄电池的存储空间必须清洁，并根据需要进行适当维护。

 g. 蓄电池存储期间应按规定进行充电，见表 3-3。

表 3-3 蓄电池存储期间充电规定

存储期限	充电规定
小于 2 个月	无须充电，直接使用
2~6 个月	对每个电池箱，以 250V 恒压充电 48h
6~12 个月	对每个电池箱，以 250V 恒压充电 96h
12~24 个月	对每个电池箱，以 250V 恒压充电 120h

注：以上充电电压为充电器 20℃时的标称充电电压。

注意：轮毂等物料储存期间要每周一次进行巡检，保证包装防护等完好。

二、叶片的卸车与储存

1. 叶片卸车方案

叶片的卸车方案有以下两种。

方案 1：采用吊梁的方式进行卸车。吊梁两端吊环处左、右各悬挂一根吊带，下端捆绑于叶片重心约 3m 处，且需使用前后缘保护罩。保护罩至少长 1m、宽 50cm、厚 6mm，与相应剖面吻合，保护罩内还必须加垫橡胶等质地较软的填充材料，避免局部的损害或者小的裂纹（见图 3-39），前缘应该朝下。当使用吊带时，带宽至少为 200mm。叶片提升过程中，至少要使用两个操纵缆（非金属），以使叶片离开地面时也能够很好地控制其位置。

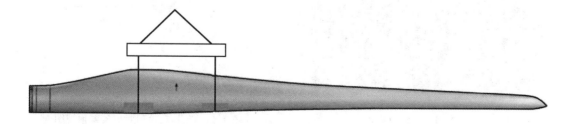

图 3-39 单一吊机 + 吊梁过渡叶片示意图

方案2：直接采用两根吊带的方式卸车。叶片出厂时重心和吊带的绑扎位置已经明显标记，从叶片的重量、吊装安全性和便利性角度考虑，推荐选择150t以上的辅吊。为了避免叶片起吊时发生损坏，其卸车过程必须有严格的要求，即卸车时采用两台吊机。

注意：卸车过程中同样要使用风绳控制叶片平稳移动。

2. 叶片卸车吊具的安装及卸车

叶片卸车过程如下：将两根扁平吊带安装到叶片上的正确位置（重心两侧），安装完毕后，移去运输工装上的绳索链条等绑定物并集中放好，最后统一返还企业。起动吊机，见图3-40，缓慢起升吊机吊钩将叶片吊至目的地并缓缓降落，然后移走吊带，返回吊机继续进行其他叶片的卸车。

注意：为防止叶片在卸车和安装中发生打滑而转动，需在吊带与叶片接触处加垫防滑泡沫块或珍珠棉（见图3-41）。

图3-40 单一吊机卸叶片

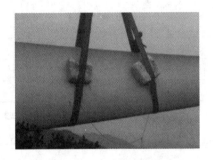

图3-41 叶片防滑泡沫块的安放

3. 叶片的储存

如果场地空间较小，应将叶片集中存放（见图3-42），要求每两片叶片之间的间隙不小于1m。若地面条件允许，尽可能使叶片根部法兰对准轮毂叶片过渡法兰（见图3-43），以方便叶片的安装。

图3-42 叶片集中存放

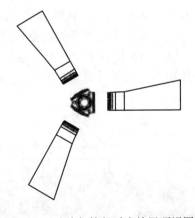

图3-43 叶片与轮毂对应放置顶视图

注意：叶片的存放方式与现场具体的环境条件有关，若与场地布置示意图中叶片的存放方式有一定的偏离，只要放置好叶片，其他不同的放置方式都是允许的。

叶片的储存需要注意以下事项。

1）如果叶片运输时有运输支架或槽形支座，再将叶片存放在地面前，为使放置平稳，可在支架或支座下垫枕木（承重木方或铁路轨枕），地基较坚固时可以不垫枕木。

2）如果叶片运输时没有运输支架或槽形支座，再将叶片存放在地面前，叶片下部必须设置叶尖支架和叶片根部法兰支架，支架高度确保叶片最低部位腾空地面 30～50mm，叶尖支架安放在叶片全长（0.6～0.7）L 处，支架长度不小于 500mm，支架上铺设 2～3 层旧地毯或最小厚度为 10mm 的橡胶衬垫，以防止损伤接触面，支架上面不能安放任何其他负荷。

3）为了防止叶片被大风吹倒，尤其是台风期间，还必须对叶片采取其他措施。具体方法如下。

① 尽可能将叶尖朝向台风主风向，且叶片后方有挡风遮蔽物。

② 叶片根部和中部运输支架必须安全、平稳地放置在地面上，中部运输支架要用尼龙扎带绑定，将两条张力绳（强度不低于 5t）固定在运输支架左、右两边（共 4 根），并将绳子另一端固定到预先安装的土层锚栓锚头上。

③ 存储期间必须保证叶片根部法兰面包装完好，叶片螺栓孔必须做防护处理，以防止法兰面及螺栓孔损伤或雨水侵蚀。台风期间，要用防水型保护罩保护好叶根法兰和螺栓，并用铁丝或卡箍等固定好保护罩。

④ 所有运输用支架使用完毕后，必须集中放置，最后统一返还企业。

注意：叶片等物料储存期间要定期进行巡检，保证每周一次，确保包装防护等完好。

三、叶轮吊装

1. 叶轮安装准备

叶轮组装和吊装前，先要对轮毂总成、叶片及工具物料进行必要的准备。主要准备工作有轮毂及主轴安装面定位孔的检查、轮毂总成和叶片的清理及其他准备。

（1）轮毂及主轴安装面定位孔的检查　轮毂主轴安装面上有一个 $\phi14mm$ 小孔（见图 3-44，看小孔侧边轮毂腹板上的记号，侧面涂有黄色油漆），主轴锁定盘机舱侧也有一个 $\phi15mm$ 小孔（见图 3-45，看锁定盘侧边圆周面上的记号），叶轮组装前检查轮毂和主轴锁定盘上该小孔的位置，通过吊机调整轮毂上的定位孔，使吊装时该孔位于朝上的两叶片中间位置，并且将主轴锁定盘定位孔调整到在盘上竖直向上的位置。

图 3-44　轮毂安装面定位孔

图 3-45　主轴锁定盘定位孔

（2）轮毂总成和叶片的清理及其他准备　拆除轮毂总成运输保护罩，清理轮毂总成里面的杂质和灰尘，检查整流罩叶片出口与变桨轴承内圈的同轴度误差，保证在 15mm 内，接好变桨操作箱电缆。清除叶片上的污迹或者油污，打磨叶片法兰上的毛刺，清理法兰面，将叶片螺栓拧紧到叶片螺纹孔内。

注意： 叶片与轮毂联接螺纹采用全润滑方式。

2. 叶片与轮毂对接

叶片与轮毂对接安装步骤如下。

1）首先在叶片根部左右对称位置各安装一根叶片定位工装螺栓，安装时用手或扳手拧紧即可（见图 3-46）。再用两根扁吊带在叶片中心位置固定好叶片，缓慢起吊叶片（见图 3-47），两个人扶住叶根部位，保证叶片处于平稳状态。为防止叶片在卸车和安装过程中发生打滑而转动，需在叶片两侧加垫防滑泡沫块或珍珠棉（见图 3-48）。

工装螺栓安装位置

图 3-46　叶片定位工装螺栓安装位置

图 3-47　叶片吊带固定位置

图 3-48　叶片两侧加垫

2）平稳移动吊机吊钩，使叶片靠近轮毂总成。当叶片接近轮毂总成后，吊钩缓慢下降，施工人员通过引导绳调整叶片方向，保证叶片与整流罩叶片出口基本同心。继续让叶片靠近轮毂总成，当叶片根部双头螺柱离变桨轴承 10mm 左右时，通过变桨调试箱使变桨轴承内圈转动（调试箱提前已准备就位），将叶片根部下方零位标识线（标尺零刻度线）与变桨轴承内圈零位（盲孔）或过渡法兰零位点（盲孔或凹槽）对齐（见图 3-49 和图 3-50），注意零位标识的位置。

变桨轴承内圈零位

图 3-49　变桨轴承内圈零位点

3）将叶片零位对好后，缓慢将叶片插入变桨轴承内圈上（见图3-51），保证T形螺母的螺纹不受损坏，套上垫圈并旋入螺母。

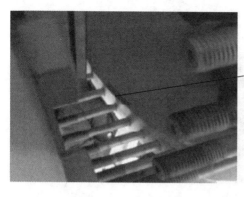

图3-50　叶片零位标识

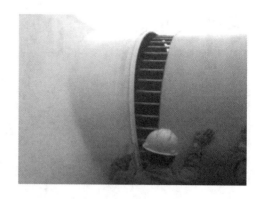

图3-51　叶片与轮毂对接

4）将叶片定位工装螺栓和叶片安装螺栓全部穿入变桨轴承或过渡法兰螺栓孔，用手拧上全部螺母和垫圈，利用调试箱对叶片进行手动变桨，用电动扳手拧紧所有螺母。

注意：如果叶片定位工装螺栓拧不出，可通过加长18/19mm扳手臂长的方式拧出。

5）在距叶片根部1/3处用支架托住叶片，卸下吊具（见图3-52和图3-53）。使用液压力矩扳手按照交叉对称原则紧固叶片螺栓。为保证安全，叶片螺栓必须在地面上完成终力矩紧固再进行吊装，不可以在叶轮吊装完成后紧固叶片螺栓。依照上述步骤及要求安装另外两片叶片。

图3-52　叶片螺栓预紧

图3-53　叶片预紧完成后放置

6）变桨系统取出所有叶片定位工装螺栓，然后换上叶片螺栓、螺母及垫圈，并按对称交叉的原则分两次对螺母（包括变桨减速机小齿轮及限位开关处的螺母）进行紧固，第一次紧固力矩值为终紧力矩值的50%，第二次紧固力矩值为终紧力矩值的100%，最后以终紧力矩值抽检20%螺栓。

3. 叶轮吊装

（1）起吊前的准备

1）叶轮起吊前，应先检查叶片表面是否有污垢，如有污垢应将其清理干净。

2）利用变桨调试箱把叶片调整到逆顺桨位置（叶片后缘朝向正上方）。用叶片锁定装置锁定叶片防止吊装时发生转动（见图3-54）。为防止叶轮吊装过程中发生滑动，在扁平吊带中段涂抹适量松香（见图3-55）。将两条无接头扁平吊带连接到处于垂直位置且起吊时向上的两个叶片的叶根处，将吊带连接到主吊机吊钩上（见图3-56）。

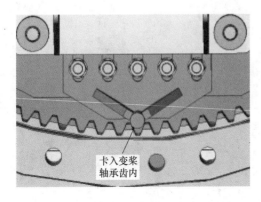

卡入变桨
轴承齿内

图3-54　叶片锁定

图3-55　扁平吊带涂抹松香

3）在剩下的叶片叶尖处安装吊带，并将其连接到辅吊机吊钩上（见图3-57）。由于辅助吊点位置较高，为方便拆卸吊带，可以在吊带上系上引导绳，以方便拆除吊带，引导绳的长度至少大于轮毂高度＋叶片长度＋10m。将引导绳穿过叶尖保护套的安装孔，安装好引导绳，以便在叶轮安装好后可以从地面轻易地将其卸掉。

图3-56　主吊机吊带安装

图3-57　辅吊机吊带安装

4）在卸掉工装螺栓之前，将主辅吊机起吊拉起直到将吊带拉直绷紧。从轮毂运输支架上卸掉螺栓，并集中存放，待返回给厂商。叶轮平稳起吊至一人高度时停稳。清理轮毂安装面（见图3-58），在轮毂法兰上安装3根引导棒，即主吊机端一根引导棒（见图3-59）、辅吊机端两根引导棒（见图3-60），用于快速引导叶轮安装。

（2）叶轮的起吊与安装

1）起吊叶轮，主吊机吊钩开始上升，辅吊机根据主吊机节奏，保持叶片底部始终离开地面（见图3-61）。同时，工作人员控制引导绳使叶轮保持稳定，不随风向改变

图3-58　轮毂安装面的清理

而移动。待叶轮系统吊至直立位置时（见图3-62），卸除辅吊机和吊带。

图 3-59　主吊机端引导棒

图 3-60　辅吊机端引导棒

图 3-61　叶轮起吊

图 3-62　叶轮直立

2）起吊叶轮系统至机舱高度后，机舱中的安装人员通过对讲机与吊机保持联系，指挥吊机缓缓平移，当轮毂安装面接近主轴法兰时停止。

3）将液压站卸压，使高速轴制动盘松开，边缓慢盘车边配合引导绳，使轮毂安装面和主轴锁定盘上的定位孔对齐（见图3-63），然后将轮毂导向螺栓穿入主轴法兰孔，液压站打压锁紧高速轴。

轮毂安装
定位孔

主轴锁定盘
上的定位孔

图 3-63　轮毂安装面和主轴锁定盘上的定位孔对齐

4）缓慢移动主吊机直至叶轮系统与主轴完全贴紧，先用手拧上 3~5 个内六角圆柱头螺钉 M42×270 和垫圈 42，然后取下导向螺栓，再用手拧上余下的内六角圆柱头螺钉 M42×

270、垫圈42（内六角圆柱头螺钉采用全润滑方式）。

5）将液压站卸压，使主轴转动。

6）先用电动冲击扳手紧固机座上、下方可以操作的螺钉，最后用液压扳手将所有螺钉拧到规定力矩值2920N·m（注意：螺钉必须是全润滑方式）。螺栓施工方法可参照风力发电机组螺栓安装作业指导书。

7）卸下吊具，移走主吊机，转动叶轮直到叶片指向地面，依次让引导绳和叶尖吊装保护罩从叶片上坠落下来。如果没有立即落下，要小心仔细地拉动引导绳，见图3-64。

8）叶轮系统吊装完成后，清理叶轮和机舱中的杂物。螺栓最终紧固后，用有颜色的记号笔在螺栓、螺母、垫片上划出连续明显的防滑标识线，见图3-65。

注意： 吊装结束后3天内要将叶片顺桨。顺桨之前松开叶片锁定装置，用M20螺母紧固叶片锁定装置，紧固力矩值为250N·m。

图3-64　引导绳的拆卸　　　　　图3-65　轮毂与主轴螺栓的紧固

（3）变桨轴承齿面的润滑　轮毂与叶片组对前要按规定涂抹齿面润滑脂。

1）清洁变桨轴承齿面，使其干净、干燥，没有油污、灰尘和其他的防锈油等涂层。

2）充分摇匀润滑脂。

3）在变桨轴承齿面（包括变桨减速机小齿轮齿面）均匀喷涂润滑脂，喷涂厚度为0.1~0.15mm，分3次喷涂，润滑脂干燥后再进行下一次喷涂，使其覆盖摩擦接触面。

4）用无纤维抹布清理多余及散落的油脂，工作结束后带离风机。变桨减速机齿面及变桨轴承齿面润滑效果见图3-66。

图3-66　齿面润滑效果

（4）偏航轴承齿面的润滑　先将偏航轴承齿面和偏航齿轮箱齿面上的杂质和灰尘清理干净，在偏航轴承齿面分3次均匀地喷涂润滑脂。

4. 风场已吊装（未运行）齿轮箱存放维护要求

当机组处于不工作状态时，传动链不应锁死。如因特殊原因必须对传动链进行锁定时，需每隔15天打开锁定装置，起动润滑供油系统，将齿轮箱运行10～15min，高速轴至少转动50圈，确保齿轮箱所有内部零件都被润滑到，齿轮齿面及轴承再次形成保护油膜。操作要求每15天至少进行一次起动。

在特殊情况下，对于未通电的机组（齿轮箱处于不通电的状态时），其具备额外电源（如柴油发电机）的风场应单独送齿轮箱起动润滑电动机。对于没有条件进行额外供电的，可以从齿轮箱放油球阀处接油后从高速端窥视观察口手动灌油，要求油液浸润高速齿面及轴承，在手动泵油过程中需同时盘动高速轴。

任务五　电气系统安装

一、操作人员的要求

在风力发电机组中进行有关工作的人员必须符合《风力发电场安全规程》和《2.0MW风力发电机组安全手册》中对风电场工作人员的基本要求，并得到切实可行的保护。只有正确理解说明书中的相关要求，并且由制造商指定、经过培训的专业人员，才可以进行风力发电机组的安装、运行及维护工作。专业人员是指基于其接受的技术培训、知识和经验以及对有关规定的了解，能够完成交给的工作并能意识到可能发生危险的人员。高于地面的工作必须由经过塔筒攀爬训练的人员进行。正在接受培训的人员对风力发电机组进行的任何工作，必须由一位有经验的人员持续监督。原则上，必须至少有两人同时进入风力发电机组工作。

工作人员除了对机组设备了解外，还必须具备下列知识。
1）了解可能存在的危险、危险的后果及预防措施。
2）在危险情况下对风力发电机组采取相应的安全措施。
3）能够正确使用防护设备。
4）能够正确使用安全设备。
5）熟知风力发电机组操作步骤及要求。
6）熟知与风力发电机组相关的故障及其处理方法。
7）熟悉正确使用工具的方法。
8）熟知急救知识和技巧。
9）电气作业人员必须持有有效的国家承认的电工证和上岗证。

二、风电场电气安装内容及流程

对于2.0MW风力发电机组现场电气安装，概括来说就是完成机舱设备与塔基设备

之间以及辅助系统与主系统之间的电气（含通信）连接。现场电气安装作业流程框图
见图 3-67。

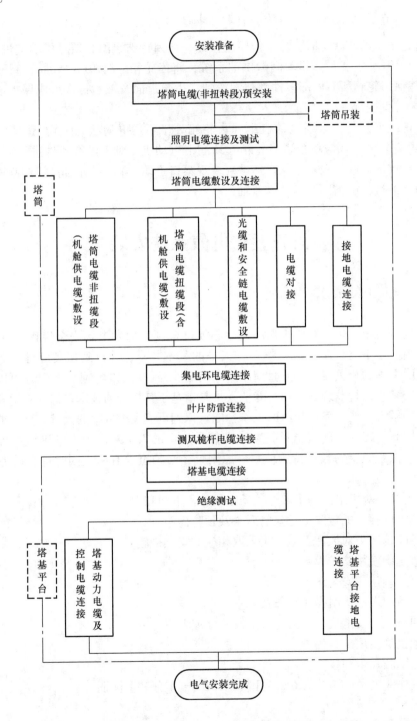

图 3-67　现场电气安装作业流程框图

三、塔基柜、变频柜和变压器的卸车与储存

1. 塔基柜、变频柜和变压器的卸车

直接用两根吊带穿过柜体底板绑住柜体，用150t及以上的辅吊机进行吊装，见图3-68。用相应吊带缓慢起升吊机，将物料吊至目的地，移走运输车辆，吊机返回待命。

2. 塔基柜、变频柜和变压器的储存

储存时必须保证塔基柜、变频柜和变压器平稳放置，柜底部垫加枕木，防止在暴雨天气下发生积水浸泡现象。如果外包装遭到损伤，必须在外包装上加盖防水帆布，暴雨过后天晴时将帆布掀开一角，以便于通风和驱潮。

大风天气或台风期间，还需另外对各柜体进行防风加固保护。

1）将各柜体放置在平稳、坚固（无松土、砂）和背风的地方。

图3-68　变流器等的吊装

2）若多个柜体一起存放，则可使其连成一排，无间隔距离放置。单个柜体存放时，要使用加固措施，借鉴轮毂存放的方法，在柜体包装箱周围用强力绳（强度不低于5t）和锚栓进行固定。

四、安装准备

1. 工具准备

现场电气安装所需的工具见表3-4。

表3-4　现场电气安装所需的工具

序号	名称	规格	数量	备注
1	棘轮式手动电缆钳	$35 \sim 300mm^2$	1把	电缆裁剪
2	皮尺	30m	1卷	电缆长度测量
3	卷尺	3m	1卷	安装尺寸测量
4	棘轮扳手		1套	螺栓紧固
5	活扳手	12in	2把	电缆夹拆装
6	液压压线钳		1把	压接大电流线耳
7	热风枪		1把	
8	电工刀		1把	
9	十字、一字槽螺钉旋具	$3 \sim 5mm$	1套	
10	斜口钳		2把	
11	尖嘴钳		1把	
12	剥线钳		1把	
13	绝缘电阻表	1000V	1只	

2. 物料准备

检查与确认安装所需的主辅物料（电缆、连接端子、热缩套管、扎带等），应齐备且正确无误。

3. 人员准备

现场电气安装需熟练电气安装人员四五名。

4. 资料准备

现场电气安装开始前应准备好以下文件资料，安装人员应阅读、熟悉本手册。

1）风力发电机组塔筒布线图。

2）风力发电机组塔筒照明原理图。

3）照明分线盒图样。

4）2.0MW 风力发电机组现场安装手册。

五、塔筒动力电缆预安装

塔筒电缆预安装必须在塔筒吊装之前完成。针对不同的电能传输方式，塔筒电缆预安装形式分为塔筒动力电缆预安装、塔筒母线槽预安装，其中塔筒动力电缆预安装又分为塔筒动力电缆分段预安装和不分段预安装（常用）。

预安装的塔筒电缆有 14 根 1×240 动力电缆（含 1 根机架接地电缆）、9 根 1×95 动力电缆；1×240 动力电缆和 1×95 动力电缆需在扭缆平台处与扭缆段对接。塔筒吊装前，应先将非扭转段电缆预先安装在第三节塔筒内。

1. 塔筒电缆的裁剪

塔筒动力电缆预安装的第一步是，根据该项目塔筒动力电缆确定安装方式并裁剪电缆。根据该项目塔筒电缆的安装方式和连接位置计算出各段电缆的长度。

2. 塔筒电缆的绝缘测试

电缆预安装前，必须对裁剪好的电缆进行绝缘性能测试，0.6kV/1kV 及以下低压电缆线间和线对地间绝缘电阻值应大于 10MΩ。电缆测试合格后，应立即用电缆保护套或塑料带对电缆端头进行保护。

3. 塔筒电缆（非扭缆段）的预安装

注意：铺设电缆时，确保塔筒内所有电缆夹完全打开；电缆弯曲顶端不应超出塔筒法兰平面，整个操作过程中不得损伤电缆。

在吊装塔筒前，必须将电缆预安装在顶节塔筒内，并严格按照电缆排布图（见图 3-69）的规定进行排布。

塔筒电缆（非扭缆段）预安装步骤如下。

1）将电缆一端放置在顶节塔筒扭揽平台下方（见图 3-70）a 处电缆夹上，电缆伸出扭揽平台 500mm，如电缆稍短无法对接，则可伸出扭缆平台 600～700mm。

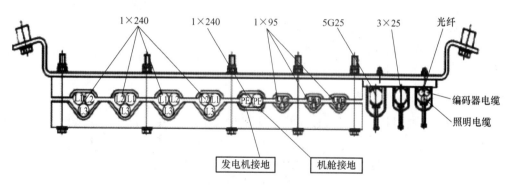

图 3-69　动力电缆在电缆夹内固定顺序示意图

2）按图 3-70 所示的电缆排布顺序将 a 处电缆夹上的电缆固定牢靠。

3）依次理顺所有电缆到对应夹位上，按照 a 处电缆夹安装的方法依次将电缆夹固定牢靠，直至安装完 b 处电缆夹。

4）将 b 处以下没有固定的动力电缆逐根绕回爬梯，电缆弯曲的最下端不应超出塔筒法兰平面，如超过法兰平面，需将电缆二次绕回爬梯并绑扎。

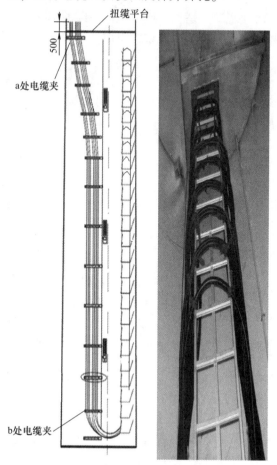

图 3-70　塔筒电缆预装

5）将电缆按组（每个电缆夹位上的电缆为一组）分别沿爬梯侧杆依次用麻绳进行绑扎，每根电缆应在每个绑扎点至少绑扎两次。

6）吊装时确认电缆不超过塔筒下法兰面。

7）整个敷设固定绑扎过程中不能损伤电缆。

4. 母线槽的预安装

吊装前应先安装母线排及母线接线箱，安装时由母线槽供应商工作人员指导完成安装。安装完的母线要检查绝缘是否达到要求（一般绝缘电阻应大于250MΩ，或根据母线厂家本身提供的数据检查），安装过程中要加强自检。

六、塔筒照明电缆的连接与测试

吊装完成后，可首先连接好各节塔筒之间的照明电缆并进行测试。待测试合格后，可为后续的安装以及塔筒内的各种工作提供照明条件。

确认各节塔筒内的照明灯具、开关、插座、接线盒及其连接线已经由塔筒厂家或在塔筒电缆预装前安装好。

吊装完成后，将用于连接上下节塔筒照明供电的电缆的绑扎解除，按塔筒布线图的敷设路径预留合适长度后将该电缆连接到另一节塔筒对应的接线盒上，具体接线方式参照塔筒照明原理图。

在塔筒照明连接完成后，对照明系统进行绝缘测试和通电前检查，要求线间及线与地间的绝缘电阻值不小于0.5MΩ。检测合格后，接通临时电源，分别测试照明灯、插座、开关等的工作是否正常，并做好相关测试记录。

七、塔筒动力电缆敷设

吊装完成后，塔筒内动力电缆应尽快放线和安装固定，检查及确认待放线处的电缆夹全部完全打开。

1. 塔筒内动力电缆的放线

塔筒动力电缆不分段安装时，要完成顶节塔筒内预装的动力电缆的放线。具体放线操作为：逐组（每个电缆夹位上的电缆为一组）将预安装的电缆从爬梯处由上而下依次解除绑扎点，并同时在每层平台安排人员将电缆端头引向平台处的电缆过线口慢慢向下放线，重复上述工作直至所有的电缆放线完毕，整个过程要确保不损伤电缆。

2. 塔筒电缆的敷设与固定

塔筒电缆固定之前，先确保动力电缆放线完成，将已垂放到塔筒电缆夹上的动力电缆固定安装。

动力电缆固定前应理顺电缆并放置在线夹上，确保每根电缆对应的线夹位置顺畅，从上至下紧固线夹，其紧固效果见图3-71；与塔基侧接线箱连接的动力电缆敷设效果见图3-72。

图 3-71　动力电缆安装紧固效果

图 3-72　塔基侧接线箱电缆敷设效果

塔筒连接法兰处的电缆要防止割伤，电缆要与法兰距离约 100mm，并塑出一定的形状（见图 3-73），电缆夹螺栓头朝塔筒内侧，以方便维护检修。塔筒配置上有塔筒法兰电缆桥架，则将电缆沿着电缆桥架进行敷设，要及时清理掉支架上的毛刺，每组电缆用两根 CV500 扎带交叉绑扎在桥架横杆处进行固定，见图 3-74。

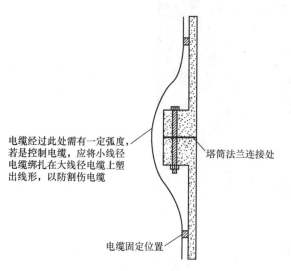

电缆经过此处需有一定弧度，若是控制电缆，应将小线径电缆绑扎在大线径电缆上塑出线形，以防割伤电缆

塔筒法兰连接处

电缆固定位置

图 3-73　塔筒法兰连接处的电缆

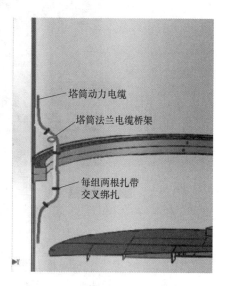

塔筒动力电缆

塔筒法兰电缆桥架

每组两根扎带交叉绑扎

图 3-74　塔筒法兰连接处桥架的敷设

3. 扭缆及控制电缆的放线与敷设

电缆放线按电缆外径由大到小、先电源电缆后信号电缆的顺序放线，即先后次序为 $240mm^2$ 电缆、$95mm^2$ 电缆、690V 供电电缆、400V 供电电缆、安全链信号电缆、发电机编码器电缆、照明电缆和光缆。

（1）动力扭缆的敷设　将机舱平台上的动力扭缆逐根放下，调整电缆网兜的位置，兜好电缆，用卸扣将电缆网兜固定在电缆支撑上，注意电缆支撑受力分布均匀。在电缆环两处放线到外侧，其他扭缆环处均放线到内侧。

（2）控制电缆的敷设　放线时将机舱 400V 供电电缆、690V 供电电缆（400V 供电电缆、690V 供电电缆需穿套电缆网兜）、编码器电缆、安全链电缆、照明电缆和光纤在机舱侧沿线槽敷设好，引至机舱柜下方，预留好电缆。

400V供电电缆、690V供电电缆在电缆环两处放线到外侧，其他电缆环处均放线到内侧。照明电缆、发电机编码器电缆、光纤、安全链电缆均穿电缆环内侧布线。

1）扭缆在偏航电缆支撑上的固定。

① 将电缆逐根缓慢放下，调整电缆网兜，不要让机舱线槽内已铺设好的电缆承受拉力，用卸扣将电缆网兜固定在电缆支撑上，并塑成120°的弯弧，避免电缆与支撑侧沿剐蹭，见图3-75。

② 照明电缆、发电机编码器电缆、光缆和安全链信号电缆用扎带（长度为550mm）绑扎固定在最侧边最后一个电缆支撑吊孔上。

③ 理清电缆顺序，用两根550mm长的扎带将弯弧段电缆固定成束，避免电缆松散交叉。

④ 电缆放线完成后，检查卸扣的固定是否牢靠，将防松插销插到位，并掰开插销头。

图3-75　偏航电缆支撑上电缆的固定

2）扭缆在电缆固定环上的固定安装。电缆环上电缆的固定原则是尽量将大线径电缆（包括400V、690V供电电缆）绑扎在电缆环上，其他不能绑扎到电缆环上的电缆则放置在电缆环内。

① 电缆环1（见图3-76）处的电缆固定。

a. 电缆穿过平台上部电缆固定管及电缆环1，将电缆环1定位于固定管内，下排扎带孔距离固定管上沿约50mm。

b. 用扎带（长度为550mm）穿过电缆环1上相邻的两个孔，将电缆逐根绑扎在电缆环

1 内。连续绑扎所有电缆，每根绑扎两处。电缆需整齐排布，避免扭曲交叉，扎带头朝向应一致向外。

c. 其他不能绑扎到电缆环上的小控制电缆要放置在电缆环内中间位置。

d. 绑扎完电缆后，剪掉扎带头，见图 3-76。

② 电缆环 2（见图 3-77）处的电缆固定。

a. 电缆穿过平台及电缆环 1 后，距平台底部 500mm 处安装固定电缆环 2。将电缆拉直，用 550mm 长扎带穿过相邻的两个孔将电缆两根一组绑扎在电缆环外侧，

图 3-76　电缆穿过电缆环 1

每组绑扎两处。连续绑扎所有电缆，电缆要排布整齐，避免发生扭曲或交叉。

b. 其他不能绑扎到电缆环上的小控制电缆放置在电缆环内。

c. 电缆从上放下，垂直安装，即电缆环 2 与电缆环 1 上绑扎的同根电缆安装后应该是垂直的。

d. 完成后的电缆环 2 要水平。电缆绑扎完后，应剪掉扎带头，见图 3-77。

e. 电缆在电缆环 2 处绑扎完毕后，要检查工字梁处两个电缆固定管（见图 3-78）的管端是否均已倒角及打磨毛刺。未倒角的电缆固定管将存在磨损、割伤电缆的风险，必须整改好才可以使用。

f. 电缆固定管上下管沿护边需安装到位，未带护边或未安装牢固时需及时进行整改处理。

图 3-77　电缆穿过电缆环 2

图 3-78　电缆穿过工字梁

③ 电缆防护包衣的安装。

a. 电缆防护包衣安装在工字梁下端的电缆固定管处，见图 3-79。

b. 安装时，将电缆防护包衣掰开，把电缆放入电缆防护包衣内，整理好电缆，用扎带穿过相邻的两个孔将包衣绑扎在电缆上，电缆排布整齐，避免电缆扭曲交叉，扎带头朝向应一致。

c. 其他不能绑扎到电缆环上的电缆应放置在电缆环内。

d. 电缆要垂直安装，即电缆包衣、电缆环 2、电缆环 1 上绑扎的同根电缆安装后应该是垂直的。

e. 电缆绑扎完后，应剪掉扎带头。

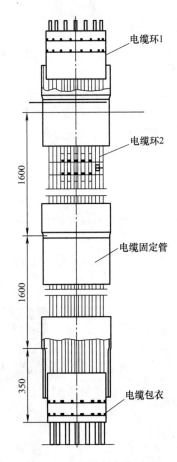

图 3-79　电缆环安装效果

3）马鞍处电缆的布线。

① 马鞍处电缆的放线。

a. 将电缆逐根弯成 U 形后绕过马鞍架圆筒，使电缆 U 形垂弯底部距离扭缆平台约 1500mm（扭缆平台未下降的机组以 300mm 为基准），条件受限时最多不超过 1700mm（扭缆平台未下降的机组不超过 500mm，最少不低于 200mm）。所有电缆贴近成束，垂弯弧度一致，控制电缆应集中布置在一侧（见图 3-80）。

b. 马鞍处扭缆连接塔筒动力电缆或母线接线箱时，注意电缆上的标识，应按相序及次序连接。

c. 电缆在电缆夹上固定时，根据电缆上的标识相序，按电缆夹上要求的次序加以固定。

d. 电缆接入母线接线箱时，按电缆标识相序从左到右接入对应相序。接地电缆连接在定子母线箱的 PE 排上。

e. 将电缆理顺，以避免发生扭曲和缠绕。为便于安装、检修测试，电缆在马鞍处排布时应从左到右，接电缆时按 L1 \ L3 \ L2（240mm²）、L2 \ L3 \ L1（240mm²）、L1 \ L3 \ L2（240mm²）、L2 \ L3 \ L1（扭缆套有黄、绿、红热缩管标识）、PE1 \ PE2（机架接地扭缆套有黄、绿热缩管标识，95mm²）、L1 \ L3 \ L2（95mm²）、L2 \ L3 \ L1（95mm²）、L1 \ L3 \ L2（扭缆套有黄、绿、红热缩管标识）、控制电缆束。若马鞍桥上有线缆绑扎孔，还应与马鞍桥的绑扎孔绑扎。

f. 电缆按图 3-81 所示的排布顺序每个夹位一组，接着将悬挂的电缆依次用 550mm 长的扎带编织绑扎整齐。

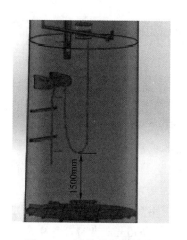

图 3-80　马鞍处电缆放线

编织绑扎

图 3-81　马鞍处电缆绑扎

至此，动力扭缆放线完成。控制电缆可以开始放线到塔筒底部，照明电缆圈起放置在马鞍处，等待接线。

② 其他控制电缆的放线。从马鞍处平台的控制电缆过线开口处慢慢放下至塔基连接柜体处，电缆经过的各个平台开口处都应有人看护并协助放置电缆，以防止电缆割伤、碰伤等。所有人员要随时保持联系，配合作业。

4）控制电缆的固定。将电缆固定到金属电缆夹或 U 形金属支架上，安装顺序为 400V 电缆、690V 电缆、其他控制电缆。

① 将控制电缆固定到金属电缆夹上。将金属电缆夹的固定螺栓退到底，把电缆理顺后放进对应电缆夹内，沿导轨边推入固定位置，然后将电缆夹底扣放入电缆夹与导轨间，用螺钉旋具拧紧固定螺栓，从上至下将电缆紧固（见图 3-82）。

② 控制电缆固定在 U 形电缆支架上。将控制电缆用两根 300mm 长的扎带交叉绑扎固定于 U 形金属框上（见图 3-83）。

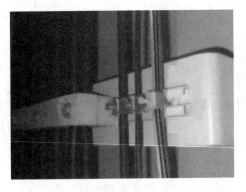

图 3-82　控制电缆在金属电缆夹上的固定　　　　图 3-83　控制电缆在 U 形电缆支架上的固定

八、塔筒动力电缆连接

动力电缆连接分为在塔筒扭缆平台处将扭缆与非扭缆端压接，以及在扭缆端直接与塔筒母线接线箱连接。

1. 扭缆与非扭缆端压接

塔筒动力扭缆、动力电缆、控制电缆放线完毕后，要在扭缆平台上进行塔筒电缆与扭缆的连接。母线槽配置的塔筒则将电缆理顺，按照对应相序将其接入母线接线箱内。

（1）材料准备　将塔筒动力电缆中间接头连接所需的物料按清单准备好。

（2）检查电缆　电缆对接前，应确保电缆两端干净且干燥，如有必要，在对接之前用布或刷子将电缆头清理干净。

1）准备好工具和热缩管。所需工具有剪线钳、液压钳和电工刀；热缩管有 200mm 和 300mm 长的 ϕ40mm 热缩管各 14 个、200mm 和 300mm 长的 ϕ30mm 热缩管各 9 个。

2）用电工刀分层剥除待对接电缆端头的护套层和绝缘层，注意不得割伤导体铜丝（环切绝缘时不要切透，要用手撕下）。

3）套热缩管。将 240mm^2 电缆套入 ϕ40mm 的热缩管中，95mm^2 电缆套入 ϕ30mm 的热缩管中，先套 300mm 长的热缩管，再套 200mm 长的热缩管。

4）电缆压接。

①　将导线丝理顺，插入连接件，插入的导线丝不许断芯，扭曲且外露不超过给定值（见图 3-84）。电缆连接时不允许交叉，且确保相序对应。

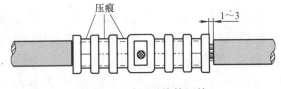

图 3-84　采用对接管压接

②　对动力电缆进行对接时，应根据选择的型号选择合适的压接模具，用液压钳夹着电

缆对接管的一端中间靠外,再将一端电缆的铜芯插入对接管,然后用液压钳压紧,连续压紧 a 侧。完成后,按以上方法压接另一侧(见图 3-85 及图 3-86),压接完成后,清理干净压接产生的毛刺。

注意:压接模具每压接一次,在压模合拢到位后应停留 10~15s。

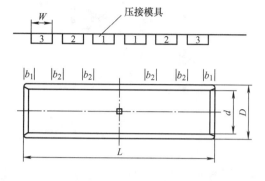

型号	管端距离b_1	压痕间距b_2	模口宽度W
GT240	4mm	6mm	12mm
GT95	3mm	5mm	16mm

图 3-85 压模示意图

注:1. GT95 压接 2 次,GT240 压接 3 次。
    2. 压接模具上的数字表示压接连接时的压接
    顺序。

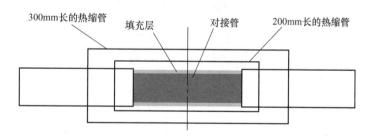

图 3-86 压接操作

5)密封热缩管(见图 3-87)。热缩管的密封操作步骤如下。

a. 用防水密封胶将电缆对接处填满压实(防水密封胶填充与电缆护套表皮平齐)。

b. 把热缩管中心移至对接管的中心。

c. 密封时先将 200mm 长的热缩管烤至紧缩,再将 300mm 长的热缩管烤至紧缩。

d. 用热风枪吹热缩管时,要从中间向两端吹,使热缩管受热均匀,防止中间鼓入空气。

图 3-87 密封热缩管示意图

2. 塔筒母线箱与动力电缆的连接

对于母线预安装的塔筒,塔筒动力扭缆、控制电缆放线完毕后可进行母线的连接。

(1)线耳压接

1)根据线耳圆管的深度剥除合适长度的电缆护套和绝缘层,注意避免伤到导体铜丝。

2)理顺导体铜丝,插入线耳圆管,铜丝不能漏插、扭曲,外露间隙不超过要求值(见

图 3-88）。

3）使用正确的压线钳压模。按图 3-89 所示压接方向依次压接。线耳压接完成后，打磨干净压接毛刺。

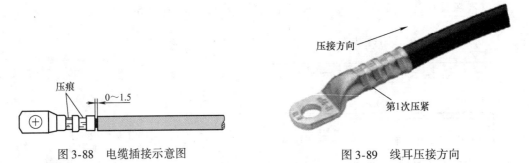

图 3-88　电缆插接示意图

图 3-89　线耳压接方向

（2）热缩管密封

1）线耳压接完成后，用防水密封胶缠绕线耳圆管至与电缆绝缘和护套粘连并与电缆护套齐平。

2）穿入两个相应规格与颜色的热缩管（240mm^2 电缆穿 ϕ40mm、95mm^2 电缆穿 ϕ30mm 的热缩管），先套相色热缩管，后套黑色热缩管。

3）将黑色热缩管置于合适位置（见图 3-90），用热风枪吹缩，吹缩时应从中间往两端吹，并使热缩管受热均匀，防止形成气泡。再将相色热缩管盖住黑色热缩管，用同样方法完成吹缩。

注意：接入塔基底部母线箱、变流器的动力电缆要进行相序标记，用黄、绿、红分别标记 A（U/K/L1）、B（V/L/L2）、C（W/M/L3）；线耳端需要穿套相序标识，即线耳制作时最外层热缩管根据相序采用黄、绿、红热缩管。

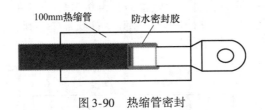

图 3-90　热缩管密封

九、电缆标识及安装要求

机组整个连线过程要满足电缆安装要求，电缆均要安装相序标识，并且按以下要求进行安装。

1. 电缆标识安装

电缆标识安装原则如下。

1）现场安装时，可以在塔基柜内侧面的文件资料栏内找到此电缆标识袋，在外包装标签上可以得到配套的项目及机组编号信息。

2）制作电缆时，按照标牌及号码管上的标识方法寻找对应的电缆标识并进行安装。

3）按照标牌及号码管上的安装方式安装电缆标识。

① 标牌及号码管的标识方法。

a. 控制柜侧号码管标识为端子号或元件代码、接线端子代码或接线位置代码。

b. 部件侧号码管标识为"电缆号：接线位置代码"。对于自带线，此侧无号码管标识。

c. 每根电缆的两个端头均有一个电缆号。标识为电缆的电缆号。电缆为二芯及以上线芯时，接线的线芯需要穿套号码管（见图3-91）。

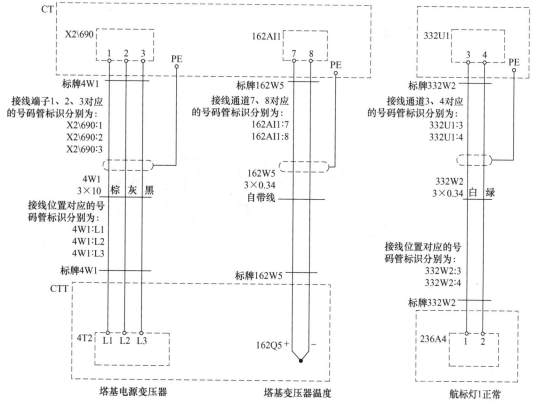

图 3-91　电缆标识

② 标牌的悬挂位置及文字方向。

a. 部件侧标牌悬挂：在元器件外侧电缆接头或部件出线位置以下 5～10mm 处电缆的线体上，用扎带绑扎（见图3-92）。

b. 号码管的穿套及文字方向见图3-93。

③ 控制柜侧标牌悬挂。控制柜内供电电缆分线处电缆绑扎在固定排上，其最后一个固定点下 15～20mm 处绑扎号码牌，同一固定排处的标牌高度应保持一致（见图3-94）。

2. 柜内电缆安装要求

电缆布线应严格按照要求的路径。电缆布线应横平竖直，线路转弯时应满足最小弯曲半径，并在电缆转弯的两端 50～100mm 处加以固定，其他处固定，扎带分布以 300～400mm 为宜；电缆和其他部件等有干涉处宜选绝缘阻燃型软材料对电缆进行保护。

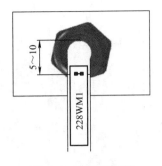

图 3-92 部件侧标牌

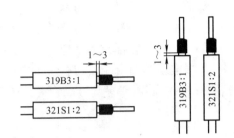

图 3-93 号码管穿套

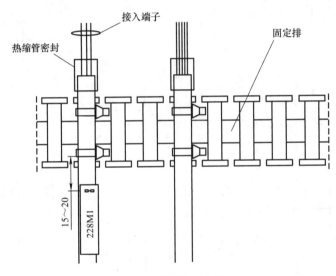

图 3-94 控制柜内标牌

现场接线时，进线采用塔形密封圈时，将其割开比电缆外径小一倍的圆口，将电缆引入。进线采用电缆防水接头时，连接完成后，锁紧防水接头，如不能锁紧，用绝缘胶布包缠电缆与接头的配合处，以确保部件达到设定的防护等级。

十、扭缆平台上段电缆连接

扭缆平台上段电缆连接包括：机舱照明电缆连接、变桨系统接入电缆连接和机舱内电缆连接。连线时，首先连接好机舱照明电缆，这样在后续的接线中就可以使用机舱照明了。

1. 机舱照明电缆连接

马鞍处电缆布线时已经将机舱照明电缆放置到马鞍处，现场接线时将这根电缆通过平台过线孔顺着电缆支架进行绑扎和固定，并将其连接到偏航平台上的分线盒 XTy 内对应端子上，将剩余裁剪下来约 9m 电缆段连接到塔筒照明分线盒 XT1 上，再连接到临时的交流230V 电源上，即可接通使用塔筒、机舱照明。

机舱照明电缆连接注意事项如下：

1）机舱照明电缆连接时，切掉塔筒照明电源，以防触电。

2）连线时需要准备照明灯具（头灯或其他灯）。

3）测试合格后，接入电源，塔筒、机舱照明均可以用于后续安装。

2. 变桨系统接入电缆连接

（1）变桨系统接入电缆

1）机组发运到现场时，接入变桨系统的电缆固定在轮毂法兰面上。

2）现场安装时，拆卸电缆且保留一个固定管夹，沿轮毂内支架绑扎或直接引入的变桨系统进线处，连接到对应插座或接入对应端子，扣紧插座锁扣或拧紧电缆防水接头（见图3-95）。

3）引线到中控箱过程中至少保证3处可靠固定点。

图 3-95　变桨系统电缆末端固定

（2）OAT 变桨系统接入电缆的连接　OAT 变桨系统接入电缆的连接情况见表3-5。

表 3-5　OAT 变桨系统接入电缆的连接情况

序号	电缆号	电缆定义	电缆规格	长度	连接位置	电缆标记	接入位置
1	204W1	400V 电源	5G10	—	中控箱 Q1	1、2、3、4、黄绿	Q1：L1、Q1：L2、Q1：L3、Q1：N、Q1：PE；PE
2	205W1	轮毂 +24V 信号	12G0.75	—	中控箱 X	1-2、7-8、3、4、5、6	X1.4：1、X1：1、X1：2、X1.3：1、X1.3：2、X1.4：2；PE
3	206W1	CANBus 通信线	4×1×0.22	—	中控箱 X1.5	白、绿、棕	X1.5A：1、X1.5A：2、X1.5B：1、X1.5B：2

注：接线时均应以项目接线图为准。

（3）叶片防雷安装　叶片防雷采用两种方式，分别是轮毂壁上防雷线与叶片防雷线连接、轮毂防雷电刷与叶片防雷线连接（具体采用何种方式由机型设计确定）。叶片防雷在叶轮吊装完成后立即安装，叶片调零后，检查叶片防雷线是否扭曲，必要时应加以调整，连线时需要准备照明灯具（头灯或其他灯）。

1）叶片防雷线连接安装。轮毂侧的防雷接地支架已经安装在轮毂侧，另一端头已制作好线耳。将整根导线用扎带绑扎在防雷支架上。

叶片侧的防雷接地线在车间已连接好并固定在叶片防雷接地铜片上（见图3-96）；铜片上的另一组固定螺栓用来固定轮毂侧引来的防雷接地线。

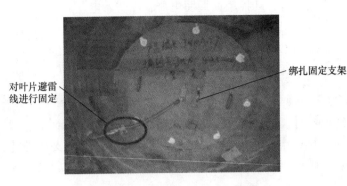

图 3-96 叶片防雷线安装位置

2）安装钢丝绳索具

① 卸下人孔盖板上叶片接地电缆连接处的螺栓，将叶片防雷电缆支架叠加安装到连接铜板上，再将叶片接地电缆线耳装上，拧紧螺母（见图 3-97）。注意在线耳与铜板间涂抹导电胶。

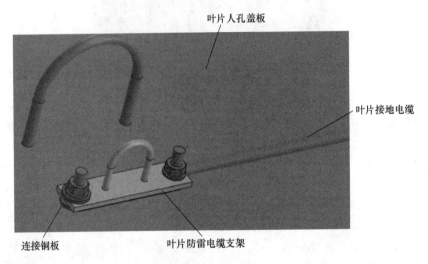

图 3-97 电缆支架固定

② 将快速弹扣一端扣到人孔盖板上叶片防雷电缆支架的圆环上，一端穿过压制钢丝绳索具的一端鸡心环，拧紧快速弹扣上的紧定螺母。将弹簧一端钩在轮毂上叶片防雷电缆支架的圆环上，另一头与钢丝绳一端的鸡心环连接。安装好后弹簧预拉伸量约为30mm，如图 3-98 所示。

3）安装防雷接地线。

① 防雷接地线叶片端的安装见图 3-99。电缆通过扎带与叶片人孔盖板上原来悬挂弹力绳的钢环绑定，然后通过螺母与人孔盖板上叶片防雷电缆支架装配牢靠，线耳与支架间涂抹导电胶。

② 防雷接地线轮毂端电缆的安装见图 3-100。在弹簧段弯曲预留约150mm 裕量，然后通过一个扎带与叶片防雷电缆支架上圆环绑定，线耳通过螺栓与叶片防雷电缆支架压装到轮毂上，线耳与支架间涂抹导电胶。

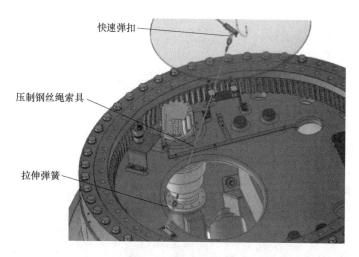

图 3-98　钢丝绳的固定

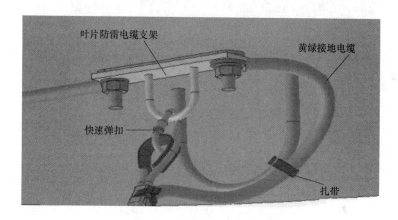

图 3-99　防雷接地线叶片端的安装

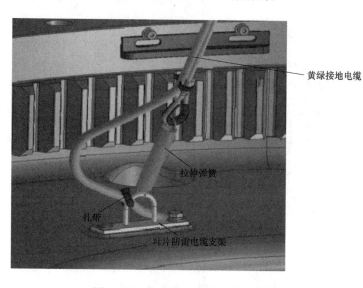

图 3-100　防雷接地线轮毂端的安装

③ 中间段与钢丝绳平行拉直（见图 3-101）。通过 4 个扎带进行绑定，注意钢丝绳两端压制钢套处绑一个扎带，固定后每两个扎带间隔约 350mm。

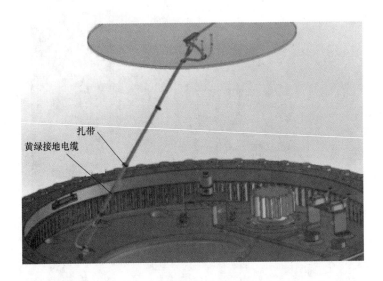

图 3-101　防雷接地线在叶片人孔盖板处绑扎

④ 检查轮毂和叶片两端的防雷支架螺栓是否安装牢靠，确保弹簧与钢丝绳安装到位，不会脱出。

⑤ 将工具、物料及更换后的杂质带离轮毂。

（4）叶片防雷电刷连接安装

1）轮毂侧的叶片防雷组件已在车间预固定反装在轮毂上。

2）将叶片防雷组件 4 组六角头螺栓 M12×30 拆除，将叶片防雷组件反方向安装到轮毂同一凸台上，并用拆卸下来的 4 组六角头螺栓 M12×30 加以固定（见图 3-102）。安装后确保电刷支架引雷尖端与弧形板距离为 2～3mm（见图 3-103）。

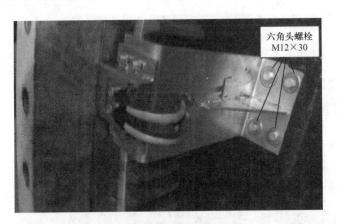

图 3-102　防雷组件安装

3）防雷电刷组件安装完成后，将引线支架上的六角头螺栓 M10×25 拆下，并用该螺栓连接叶片侧防雷线与变桨轴承上的叶片防雷引线支架，见图 3-104。

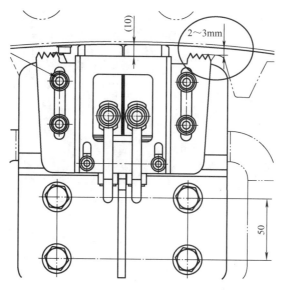

图 3-103 电刷支架调整

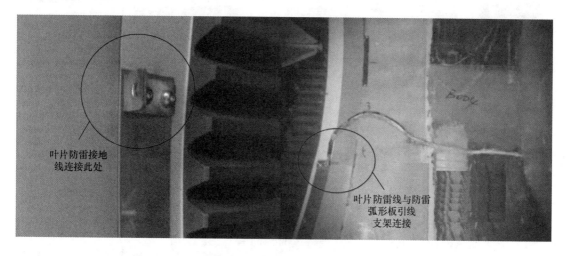

图 3-104 叶片防雷引线支架

3. 机舱内电缆连接

（1）机舱温度传感器的安装

1）车间已经要求将机舱温度传感器安装好，并用扎带牢靠地绑扎在靠近机舱尾部处机舱柜支架的电缆固定杆上（见图 3-105）。

2）现场检查绑扎是否松动，并加以紧固。

（2）机舱外温度传感器的安装

1）车间已经要求将机舱外温度传感器连接好机舱柜侧电缆，并将传感器探头用扎带牢靠地绑扎在柜外右侧电缆上；机舱外温度传感器安装位置已经安装好电缆防水接头（见图 3-106）。

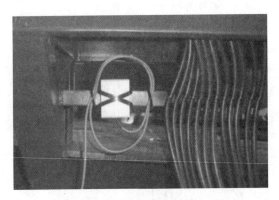

图 3-105　机舱温度传感器的固定

2）现场安装时解开传感器及其电缆，部分电缆沿着集电环电缆敷设固定（见图3-107），将传感器探头伸出机舱外，拧紧电缆防水接头。将电缆整理整齐后进行绑扎，避免被踩踏或被拉扯，以防损坏。

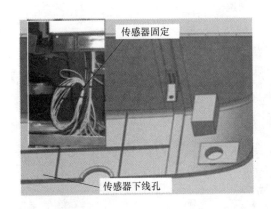

图 3-106　机舱外温度传感器的安装

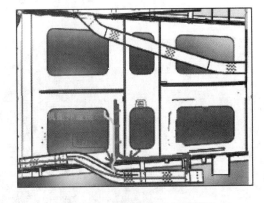

图 3-107　机舱外温度电缆固定

（3）风速风向仪、航空灯布线

1）安装测风桅杆和航标灯时，已经将风速风向仪电缆放线到机舱内部。

2）布线时，沿图 3-108 所示的机舱罩预埋管布线接入机舱柜，余量电缆（包括桅杆接地电缆）往机舱柜侧预埋管方向调整，避免过多余量电缆留于测风桅杆下方。将多余电缆盘起并绑扎后放置在机舱柜下方的线槽内。布线时避免电缆被割伤等，必要时进行适当包扎与防护。

（4）机舱 690V、400V 供电电缆的连接　马鞍处电缆布线时，已经要求沿线槽敷设好这两根电缆至机舱柜下方，现场接线时应将 $25mm^2$ 压接端子接入机舱柜对应位置，并拧紧螺栓及锁紧头。

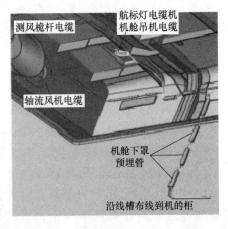

图 3-108　风速风向仪、航空灯布线

（5）光缆的连接　扭缆放线时，已经要求沿线槽敷设光纤电缆至机舱柜下方，现场接线时应将光纤跳线沿线槽布线接入机舱柜的光电转换器上。

十一、塔基电缆连接

1. 布线原则

塔筒电缆安装完成后，开始连接各柜体间的电缆。塔基柜体布线时应遵循以下原则。

1）各柜体间的电缆连接必须条理分明、固定牢靠、接线牢固，电缆应理顺，尽量避免纠结、交叉，走线美观。

2）光缆走线弯曲度必须大于150°。

3）动力电缆排布整齐，与控制电缆无缠绕纠结，并且保证控制电缆不被动力电缆压到。若控制电缆、通信电缆在同一线槽敷设，应确保电缆之间的间距在100mm以上。

4）塔基柜体布线时可参照塔基控制电缆布线路径（见图3-109）。

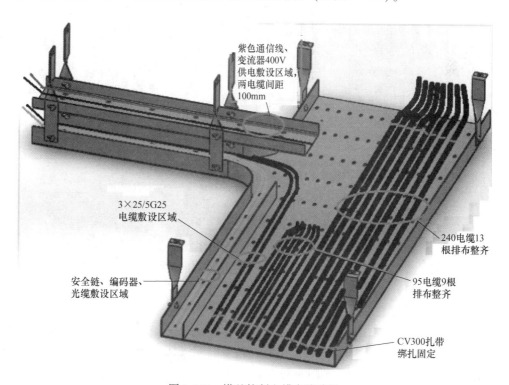

图3-109　塔基控制电缆布线路径

塔基柜体布线注意事项说明如下：

① 温控器连接到塔基柜后，要绑扎在与塔基柜最近的电缆槽侧边立柱上。

② 两根 1×95 塔基平台接地电缆应从平台槽钢上连接到接地环上。

③ 电缆架中的电缆在布线时，应将电缆理顺并每隔300mm用扎带绑扎牢靠。

④ 图3-109 中的线条仅表示电缆的布线走向，接线时应根据接线图样接线。

⑤ 对于塔基柜柜体接地线，实际接线时，接地线接出柜体后应直接接到塔内接地环上。

2. 变流器进线

（1）塔筒动力电缆布线

1）变流器下进线示意图见图 3-110。这里以瑞能变流器为例加以介绍。

① 当基础平台上安装有电缆架时，接入变流器的电缆应根据电缆架的走向进行布线。布线时应将电缆理顺并排列整齐。

② 塔筒动力电缆下进线应接入变流器。

③ 定子电缆、转子电缆沿电缆架主槽布线，电缆向外侧打弯后再接入接线端子。

注意：电缆不允许裁剪，布线避免交叉。

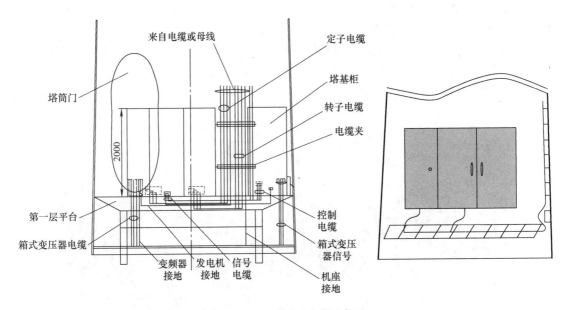

图 3-110   变流器下进线示意图

2）变流器上进线示意图如图 3-111 所示，这里以 IDS 变流器为例加以介绍。

① 当变流器上方安装有电缆桥架时，接入变流器的电缆应沿电缆桥架布线。布线时应将电缆理顺且排列整齐。

② 塔筒动力电缆上进线接入变流器内。

③ 定子电缆、转子电缆沿电缆桥架布线。以接线需要最长的（可以认为是接入最远端）一根电缆（不裁剪）为标准接入，电缆在电缆夹与电缆线架之间形成一个弯，按此弯度等高留余量，依次完成电缆连接（见图 3-112）。

④ 基础平台上的柜体分布（见图 3-113）。

⑤ 安装时要注意变压器的电缆开孔方向（朝向塔基柜后方）。

3）塔筒动力电缆绝缘测试。接入变流器及接地环的塔筒动力电缆布置好并制作好线耳后，在未连接电缆前进行电缆绝缘测试，确认制作合格并校准电缆相序后再连接电缆。绝缘测试操作步骤如下。

① 拆除发电机侧的定子电缆、转子电缆及定子接地电缆，拆除机座接地电缆。

② 拆除变流器侧定子电缆、转子电缆及接地电缆，拆除机座接地电缆（如已经连接）。

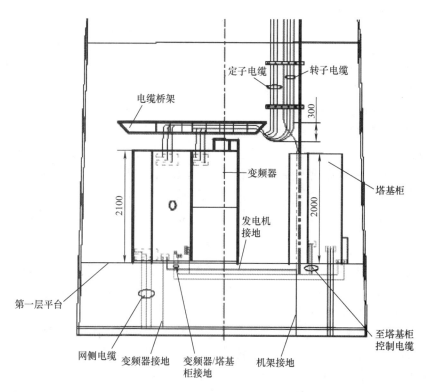

图 3-111 变流器上进线示意图

图 3-112 变流器上进线实物

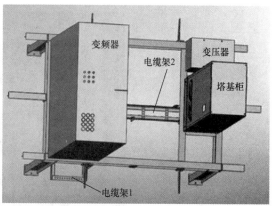

图 3-113 塔基平台柜体分布示意图

③ 将电缆端头悬空，注意不要碰到人或导体。用仪表检查所有电缆没有与接地、其他部件相连或相互连接。

④ 确定从发电机处至塔基的单根电缆，将此电缆的编号告知塔基处协同作业人员。检查该电缆的标签（如有必要，安装一个新标签）。

⑤ 进行绝缘测试，其值必须大于 1MΩ，并记录下来。

⑥ 确认电缆制作合格及相序后接入对应端子。按接线箱内标注的力矩值拧紧螺栓。

（2）变流器控制电缆布线

1）变流器通信线。变流器通信线在车间已经制作好电缆的两端或一端 CAN 插头（带屏蔽），现场布线时将变流器一端电缆插头插接在对应的 CAN 插口上，拧紧固定螺栓。将通信线按图 3-109（与供电电缆间隔 100mm）敷设至塔基柜底部，从过线孔进入塔基柜，将通信电缆护套剥除，抽出屏蔽层，用热缩管烤成束，压接线耳与电缆其他线芯一同接入对应端子上。接线时应以项目接线图为准。

2）发电机编码器接线。塔筒放线时已经将发电机编码器电缆放到塔基，沿变流器下方电缆架布线到进线位置，将电缆引入变流器，发电机编码器电缆在变流器柜体侧的屏蔽层搓成股，套热缩管密封，牢靠地连接到接地点上，其他压接线耳接入对应端子。将余量电缆圈起来并用扎带绑扎，然后放置在电缆架内。接线时应以项目接线图为准。

3）变流器控制电缆供电接线。变流器控制电缆供电接线应以项目接线图为准。

3. 变压器进线

变压器需要引出的电缆是 400V、690V 及塔基变压器温度传感器电缆。进线如下。

1）变压器 690V 进线、400V 出线及温度传感器电缆沿变压器开孔接入，电缆线在内侧要用扎带固定牢靠，以防止电缆发生滑动。

2）电缆分线要横平竖直，分线根部要绑扎牢靠。电缆线要固定好电缆标识。

3）扎带头方向要保持一致，尽量隐蔽，剪口整齐，避免割伤电缆。

4）电缆连接完成后，锁紧电缆防水接头，进线排布见图 3-114。

变压器柜体接地：将 $1 \times 35\text{mm}^2$ 黄绿接地电缆接到变压器外侧专用接地柱上，电缆另一侧穿过塔基平台圆孔连接到接地环上。

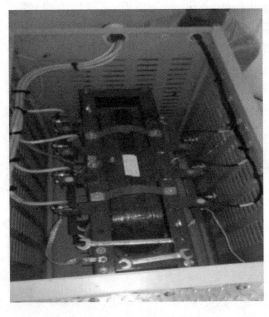

图 3-114 塔基变压器进线排布

5）变压器到塔基柜的电缆线从安装位置的后部按照电缆外径大小开孔，开孔处要加装防护胶圈或胶皮保护，防止割伤电缆。

6）塔基柜底部开孔位置应在其对应接线端子的正后方，见图3-115。

图3-115 塔基变压器接线

4. 塔基柜进线

塔基柜内接线的电缆屏蔽层的处理方法与塔基柜内其他供电电缆屏蔽层的处理方法相同，要保证屏蔽层接地可靠，确保电缆两端连接牢靠、正确。塔基柜供电进线用两根扎带交叉绑扎于端子下方固定横杆上。

（1）塔基环境温度传感器的安装

1）塔基环境温度传感器已在车间安装好，用扎带将泡沫棉垫的传感器固定在塔基柜内，如图3-116所示。

2）现场接线时，将传感器绑扎固定到塔基柜下方电缆架2的指定位置。

图3-116 塔基环境温度传感器接线

（2）塔基光缆的安装 塔筒放线时已经将光缆下放到塔基，沿变流器下方电缆架布线到电缆架2处，用扎带将其绑扎到塔基柜下方的电缆架上并引入塔基柜中，光纤跳线沿线槽布线并接入光纤转换器中。

5. 塔筒内接地线的安装

塔筒内的接地线在车间已经制作好两端端头，成品发往现场，现场连线即可。现场连线时需要注意以下事项。

1）接线前，需撕掉接线柱端面的保护膜，并将杂物清理干净，要求接触表面光洁、平滑、无油污等，使其具有良好的导电性。

2）接地扁钢焊接前，应认真清理焊接端面，要求接触表面光洁、平滑，无油污锈蚀等，保持良好的导电性。

3）接地电缆的敷设应平直、整齐，尽量做到距离最短、连接牢靠，确保可靠接地（见图 3-117）。

4）接地装置在进行防腐处理前，先将接触表面的油污、杂质、油漆清理干净，如主轴防雷电刷支架与机架连接处、偏航防雷电刷支架与塔筒连接处、叶片铜编织带两端连接处、机架上所有接线柱内外表面、塔筒跨接螺栓孔内外表面等。这些部位清理干净并连接紧固后，再用冷镀锌喷漆（剂）喷射连接部件（线耳、螺栓、接线柱等）表面形成完全覆盖层，防止连接件表面生锈；机架及轮毂本体表面油漆的修补采用原来相应的防腐油漆恢复处理。

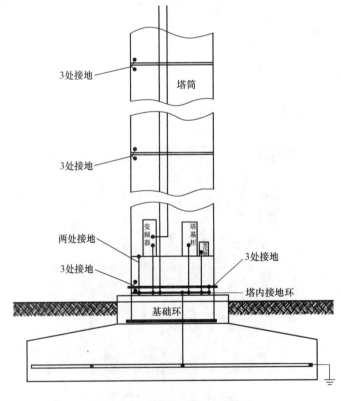

图 3-117　塔筒内接地线的安装

6. 箱式变压器电缆进线

风力发电机组箱式变压器部分电气连接时，变压器高压侧断路器应处于断开状态，高压侧应有明显的断开点。低压侧断路器也应处于断开状态，隔离开关应处于打开状态，并按照相关标准悬挂警示牌。

箱式变压器电缆由电力施工人员沿基础环埋管敷设到塔基底部，已经预留好电缆，并将电缆接入相应的接线端子（材料由业主提供）。

7. 塔筒照明电源进线

塔基柜体、接地电缆连接完成后，确定塔筒及整机部分安装工作均已完成，电气安装可进行最后一步，即将塔筒照明分线盒 XT1 的照明电缆与底部控制柜相连，连线时完成以下各步。

1）准备一个辅助照明灯（前灯或其他灯），断开电源，拆除临时照明。

2）放线时，将此根电缆与塔筒壁其他控制电缆一起绑扎，沿电缆架布线到塔基柜下方，将电缆引入塔基柜。

3）在正确长度处将电缆切断。剥开电缆，按照图样接入对应端子。

4）检查照明灯与插座的功能。

十二、作业完成撤离须知

1. 撤离轮毂

如果已经完成了所有电气连接工作，离开轮毂前要完成以下工作。

1）从轮毂控制柜处拿走所有工具并清除所有废弃物。

2）将轮毂控制柜清理干净。

3）关好轮毂控制柜的柜门。

4）确认并使所有开关处于关断状态。

5）将轮毂处所有工具和废弃物清除。

6）松开转子锁定装置。

2. 撤离机舱

如果已经完成了所有连接工作，离开机舱前要完成以下工作。

1）关闭天窗。

2）从机舱控制柜处拿走所有工具并清除所有废弃物。

3）将机舱控制柜清理干净。

4）关好机舱控制柜的柜门。

5）将机舱处所有工具和废弃物清除并拿走。

6）将机舱清理干净。

3. 撤离塔筒平台

如果已经完成了所有连接工作，离开塔筒平台前要完成以下工作。

1）将塔筒平台处所有工具和废弃物清除并拿走。

2）将塔筒平台清理干净。

4. 撤离塔架底部

如果已经完成了所有连接工作，离开塔架底部前要完成以下工作。

1）从塔架底部控制柜处拿走所有工具并清除所有废弃物。

2）将塔架底部控制柜清理干净。

3）关好塔架底部控制柜的柜门。

4）将塔架基础处所有工具和废弃物清除并拿走。

5）将塔架底部平台处所有工具和废弃物清除。

6）将塔架底座清理干净。

任务六　风力发电机组风电场调试

一、风电场调试注意事项

调试人员除了应该读懂风力发电机组风电场调试手册外，还需对风力发电机组有一个深入的理解，对各受控部件、各部件接口、控制系统的功能了解清楚。要做到对每一个部件、每一个信号、每一根导线、每一个参数等都能正确理解。

调试人员更应该明白各项调试任务的责任，每项调试工作结束之后都应该签字确认。

所有调试参与人员必须了解风力发电机组调试的安全规范，以及在各种可能发生的紧急情况下必须执行的动作规范。这些规范至少包括以下内容。

1）保护装置的穿戴，如头盔、手套、塔筒内具有防坠落功能的安全装置。

2）了解灭火器的有效性、位置和使用方法（允许扑灭中压系统的火灾）。

3）了解紧急逃生绳索设备的有效性、位置和使用方法。

4）了解急救设备的有效性、位置和使用方法。

注意： 所有调试步骤都必须小心遵守，如果有任何试验结果不能满足要求，必须停止调试，直到找到原因并处理完毕。

二、调试前准备

现场调试前全部吊装工作已经完成，所有螺栓已经按照装配指导文件的要求加以紧固，电源、供电线路以及通信电缆已经接好。

1）机组装配完成且检验合格（所有的机械、电气部件及子系统，包括风传感器、航空灯等）。

2）所有传感器的接线及其他电气部件的接线完成。

3）变频器与发电机之间的电缆连接完成，并完成基本测试（相序校对、绝缘测试）。

4）接地系统的电缆连接完成。

5）箱式变压器与塔基之间的电缆连接完成，并完成基本测试（相序校对、绝缘测试）；如采用发电机供电，来自发电机-变压器组的690V进线电源接入变频器电网侧的690V

端子。

6）塔基柜与机舱柜之间的电缆连接完成（电缆及光缆），并完成基本测试（绝缘测试）。

7）机舱柜与轮毂之间的电缆连接完成（通过集电环到变桨系统）。

8）主断路器及所有熔断器、断路器都处在断开位置。

9）机械部件的注油及注油脂等介质已加注完成（液压系统、齿轮箱、3个变桨轴承的润滑、偏航轴承的润滑、两处主轴轴承的润滑等）。

10）变桨齿轮齿面和偏航齿轮齿面的润滑油脂涂抹完成。

11）相关图样、资料准备完成，见表3-6。

表3-6 相关图样、资料

序号	图样、资料	备注
1	控制柜原理图	
2	变桨系统原理图	
3	变频器原理图	
4	电气接线图	包括车间、现场接线图
5	单线图	
6	机组故障代码手册	
7	各部件、传感器的相关说明书、手册	

12）相应的工具已经准备齐全，见表3-7。

表3-7 相应工具

序号	工具名称	数量	单位	备注
1	万用表	2	个	
2	钳形电流表	1	个	
3	绝缘测试表	1	个	
4	相序表	1	个	
5	红外测温枪	1	把	
6	专用调试便携式计算机	1	台	
7	以太网通信线	1	根	长5m
8	对讲机	3	个	用于塔基、机舱、轮毂的通话
9	工具箱	1	个	包含螺钉旋具、斜口钳、剥线钳
10	攀爬安全装置	若干	套	包括安全帽、安全带（带滑块、全挂钩、抓绳器）、劳保鞋、手套等

三、初步检查

1. 核对现场连接的电缆

有些部件（如航空灯、风向仪、风速仪等）和电缆（如连接机舱内发电机与塔基处变频器的动力电缆等）必须在现场安装，所以这些部件和电缆无法在出厂测试时进行检查，必须在现场调试时进行核对。所需核对的内容包括检查箱式变压器、变频器、发电机、塔基、机舱之间的动力电缆、信号电缆等电缆类型、电缆数量、电缆头制作、接线等的工艺。

需注意检查在现场新敷设、连接的电缆（信号），见表3-8。

表3-8　需检查的电缆

序号	电缆名称	序号	电缆名称
1	箱式变压器接地电缆	14	塔机柜至机舱柜的400V电源电缆
2	机舱接地电缆	15	从塔基到机舱的光缆
3	塔基柜接地电缆	16	从机舱柜到变桨系统的电缆
4	变频柜接地电缆	17	照明、检修电源电缆
5	塔基变压器接地电缆	18	从变频器到塔基柜CANBus的电缆
6	箱式变压器到变频器的动力电缆	19	塔基温度信号电缆
7	箱式变压器电流信号电缆（功率测量）	20	变频器与发电机转子电缆
8	箱式变压器温度信号电缆	21	变频器与发电机定子电缆
9	箱式变压器状态信号电缆	22	变频器与发电机旋转编码器电缆
10	从变频器到塔基柜690V电源电缆	23	风向仪电缆
11	塔基柜给变频器的辅助电源电缆	24	风速仪电缆
12	塔机柜至机舱柜的安全链信号电缆	25	航空灯电缆
13	塔机柜至机舱柜的690V电源电缆		

2. 机组上电操作

（1）通电前检查　在给电控柜通电前，需要检查柜内的接线是否有短路现象以及机柜总进线电源是否有短路、接地现象。可采取以下措施进行检查。

1）用万用表确认供给电控柜的总电源已断开，机柜无任何电源引入。

2）合上机柜内的所有熔丝、电动机保护开关、断路器等。

3）测量交流690V电源总进线端的相间电阻值、对地电阻值，并确认无短路。

4）测量交流400V电源总进线端的相间电阻值、对地电阻值，并确认无短路。

5）测量直流24V总电源端子的对地电阻阻值，并确认无短路。

6）分断柜内的所有电动机保护开关、断路器。

（2）机组通电　在完成"通电前检查"后，确定电源侧电压相序和幅值正常、进线端子线电压、相电压相序（顺时针方向）和幅值正常，所有电压波动不超过±10%时，可以给控制柜通电，逐级、逐个开关合闸，并且接通后一级进线电源之前先用万用表测量前一级的出线电压是否正常，并加以记录。

1）测量塔基柜交流690V总进线端电压。

2）测量塔基柜交流400V总进线端电压。

3）测量塔基柜直流24V电压。

4）测量机舱柜交流690V总进线端电压。

5）测量机舱柜交流400V总进线端电压。

6）测量机舱柜直流 24V 电压。

注意：塔基柜 690V 通电顺序为 2F3、2F1、4Q2；机舱柜 690V 通电顺序为 200F1，机舱柜 400V 通电顺序为 4Q6、201F3。在闭合 2F3、2F1、200F1、201F3 时，动作要快，合闸一步到位，避免因接触不良导致人身安全或器件烧毁。除主电源断路器、PLC 电源断路器、模块电源断路器、照明电源断路器、插座电源断路器以外，请尽量保证其他断路器在断开位置，特别是偏航系统总电源开关 230Q1 和变桨系统总电源开关 204Q1。

为了避免因低温、潮湿等原因影响控制柜内模块的安全，通电后，一般在控制柜加热器工作 12h 后通 24V 电，即将塔基柜、机舱柜内所有 24V 开关合上，PLC 起动，再进行后续调试工作。

四、控制系统设置及程序更新

1. WinSCP 软件连接 PLC

1）将调试计算机的 IP 地址修改为与 PLC 的 IP 地址同一网段，PLC 默认的 IP 地址为 192.168.20.13，在计算机上打开 WinSCP 软件，见图 3-118。

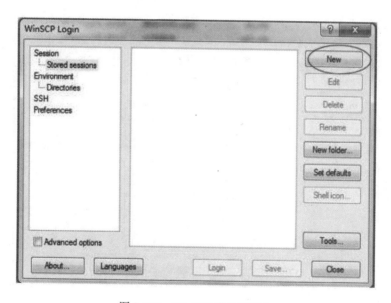

图 3-118　WinSCP 登录界面 1

2）单击图 3-118 中的"New"按钮，弹出图 3-119 所示对话框。

3）在"Host name"文本框中输入 PLC 的 IP 地址，如图 3-120 所示的"192.168.20.13"，在"User name"文本框中输入"root"，在"Password"文本框中输入"deif7800"，单击"Login"按钮连接 PLC。

4）如果连接 PLC 成功，则出现图 3-121 所示界面，左边显示的是调试计算机的目录文件，右边显示的是 PLC 目录文件，单击图 3-121 中的下拉菜单可以选择调试计算机和 PLC 的目录。

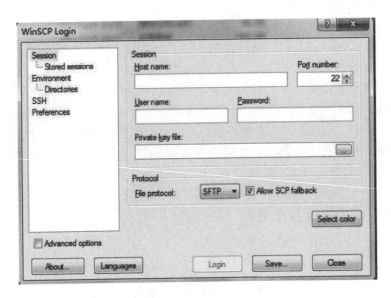

图 3-119　WinSCP 登录界面 2

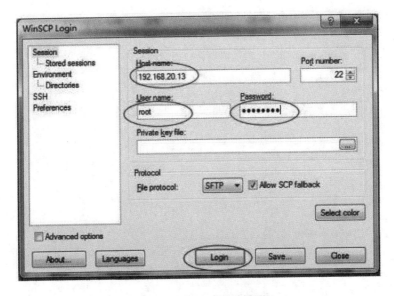

图 3-120　WinSCP 登录界面 3

2. PLC 及触摸屏 IP 地址修改

丹控系统的 IP 地址修改包括 PLC 的 IP 地址修改和触摸屏的 IP 地址修改。如机组编号为 1 号，将 PLC 的 IP 地址修改为 192.168.20.1，则触摸屏的 IP 地址相应修改为 192.168.20.101，依此类推。如果有需要，还可以将 IP 地址的网段修改为其他网段。触摸屏的 IP 地址修改见图 3-122。

PLC 的 IP 地址修改步骤如下。

1）将 WinSCP 软件与 PLC 连接。

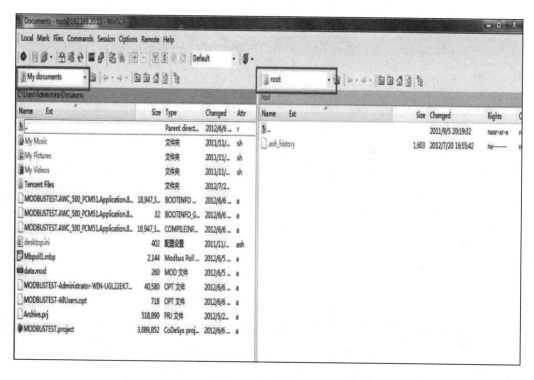

图 3-121　连接成功显示界面

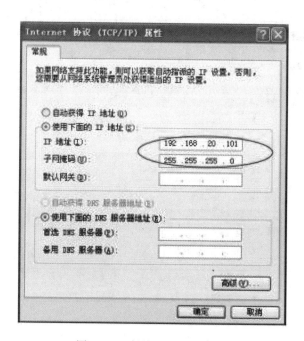

图 3-122　触摸屏 IP 地址修改

2）WinSCP 软件与计算机连上后如图 3-123 所示，查看 app/sysconf 目录下是否有 inter-

风电系统的安装与调试基础

faces 文件。

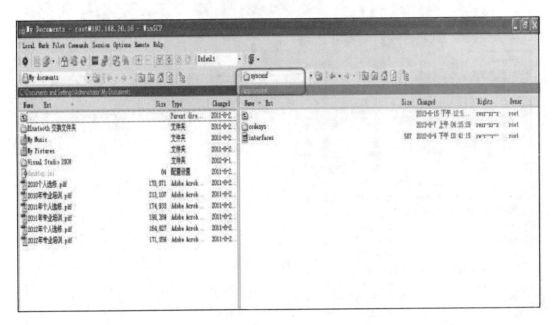

图 3-123　查看 app/sysconf 目录

3）如果 app/sysconf 目录下的文件 interfaces 不存在，将 etc/network 目录下的文件 interfaces-default 复制至 app/sysconf 中，见图 3-124，并将文件名更改为 interfaces。

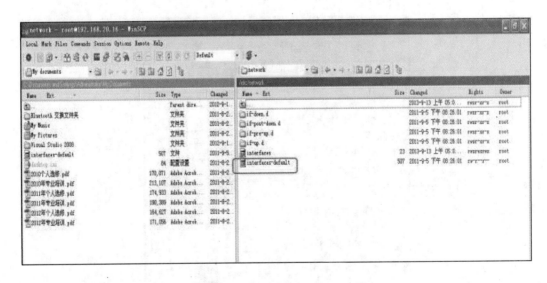

图 3-124　复制 interfaces-default 文件

4）打开 interfaces 文件，见图 3-125。

5）将 IP 地址修改成想要更换的 IP 地址，如 192.168.20.1，相应地，网关更改为 192.168.20.250，如果网段需要修改，则将 IP 地址和网关中的默认网段 20 更改成想要更改的网段，如 IP 地址 192.168.10.1，网关为 192.168.10.250。

140

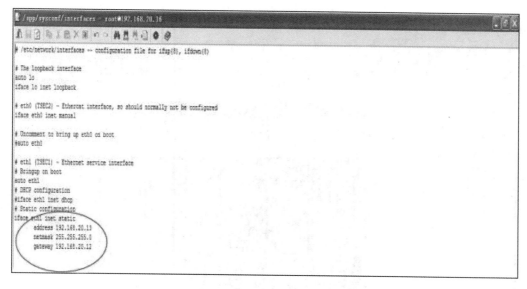

图 3-125　打开 interfaces 文件

6）更改完后，关闭 interfaces 文件并保存修改。

7）在显示 PLC 文件区域右击，选择快捷菜单中的"Refresh"命令，见图 3-126。

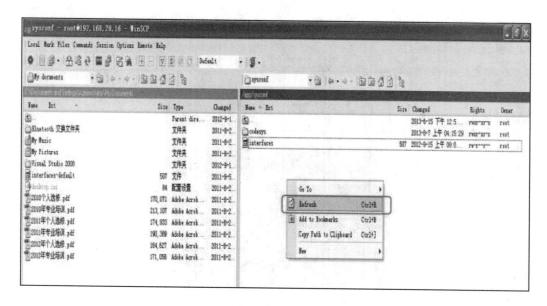

图 3-126　Refresh

8）按"Ctrl + T"组合键或单击 WinSCP 工具栏里的"Open terminal"选项，见图 3-127。

9）在弹出的 Console 对话框的"Enter command"选项中输入 reboot 指令，并单击"Execute"按钮，见图 3-128。

10）重启 PLC，IP 地址修改完毕。

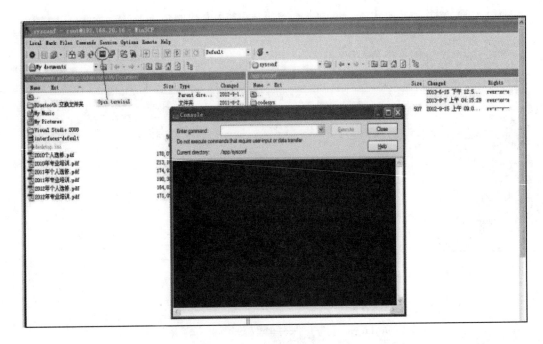

图 3-127　单击工具栏里的"Open terminal"选项

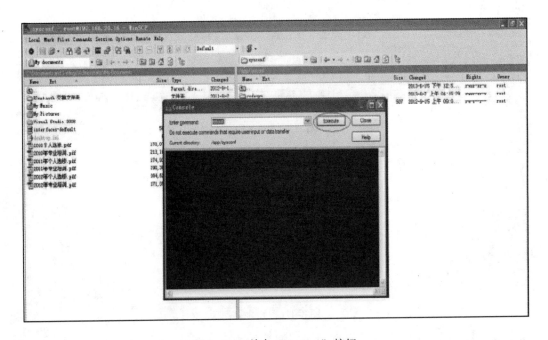

图 3-128　单击"Execute"按钮

3. PLC 程序更新

1）将 WinSCP 软件与 PLC 连接。

2）WinSCP 软件与计算机连上后（见图 3-129），将调试计算机里的 AWC500 runtime 文件、scada. dupdate 文件、visuLoaderHandle. dupdate 文件和风机控制程序 application. dupdate 文件，依次复制至 PLC 的 tmp/fwupdates 文件夹中，在 PLC 目录文件框里右击，在弹出的快捷菜单中选择"Refresh"命令，重启 PLC。

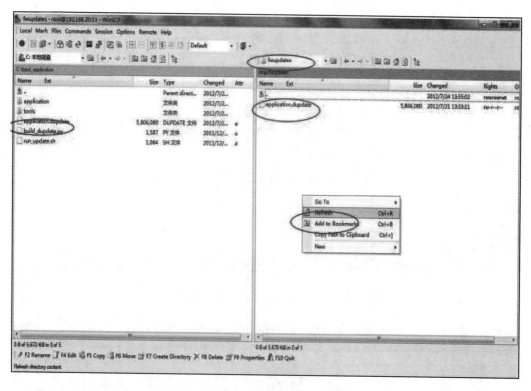

图 3-129　更新主控程序

3）修改调试计算机中的文件 runVisuTower，见图 3-130，将文件 runVisuTower 中的 IP 地址修改为 PLC 的 IP 地址，如 192. 168. 20. 13，保存后关闭，并将文件 runVisuTower 和 Visu-Loader 复制至控制柜平板计算机的桌面上，在平板计算机 C 盘创建目录 C:/visu/，将 Visu-Loader 文件复制至 C:/visu/，为文件 runVisuTower 创建快捷方式，将文件 runVisuTower 的快捷方式复制至平板计算机"开始"菜单的启动项里。

4. 创建 Data 文件

1）将 WinSCP 软件与 PLC 连接。

2）在 app/log/目录下创建 data 文件夹。

3）在 app/log/Data/文件夹里创建 statuscode 文件夹。

4）在 app/mmc/目录下创建 data 文件夹。

5）在 app/mmc/data/文件夹里创建 statuscode 文件夹。

5. 系统时间修改

1）权限获得（因为有权限限制，所以操作之前必须先登录）。单击"系统总览"界面左下角的"登录"按钮（见图 3-131 左下角椭圆里的按钮），进入"用户登录"界面。

图 3-130　runVisuTower 文件的修改

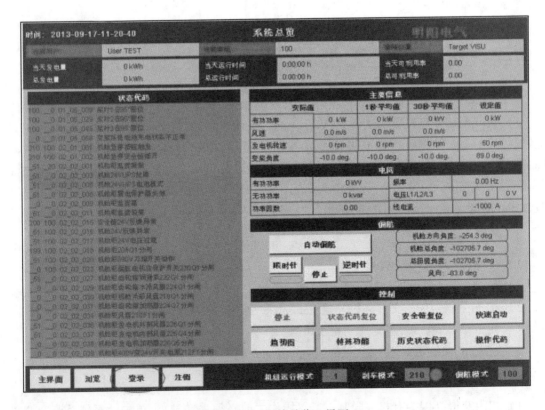

图 3-131　"系统总览"界面

2）单击"用户登录"界面里"登录"按钮登录，如果登录成功，"当前用户权限"变为"100"，见图 3-132。

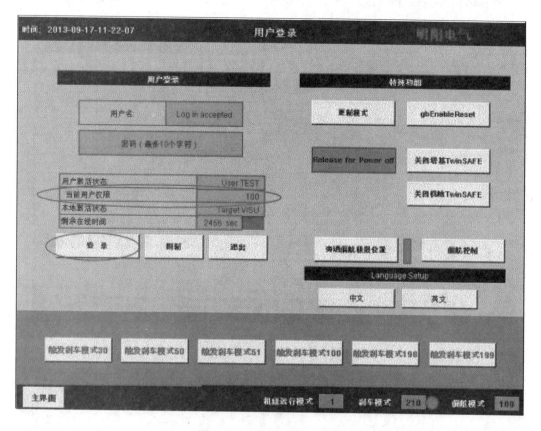

图 3-132 "用户登录"界面

3）在"机组浏览器"界面单击"测试界面浏览"右侧的"打开"按钮，见图 3-133。

4）进入"机组测试"界面后，单击"系统时间设置"右侧的"打开"按钮，见图 3-134。

5）进入"系统时间设置"界面，单击"取得系统时间"按钮可获得当前系统时间，单击图 3-135 左边椭圆标示线内的文本可以修改系统时间，设定好后单击"设置系统时间"按钮完成设置。

五、安全链测试（风力发电机组静止时测试）

检查控制系统所有线路连接是否正常，程序是否能正常监视，安全链是否能正常复位，执行以下步骤。

1）合上控制器及相关 IO 供电电源断路器（所有 24V 开关）。变频器、变桨系统、齿轮箱系统、发电机系统、液压系统、偏航系统的电动机主开关等先不闭合。

2）在触摸屏上观察塔基与机舱之间的通信是否正常（若能看到机舱柜传来的齿轮箱油温、发电机绕组温度等数值，则证明通信正常）。

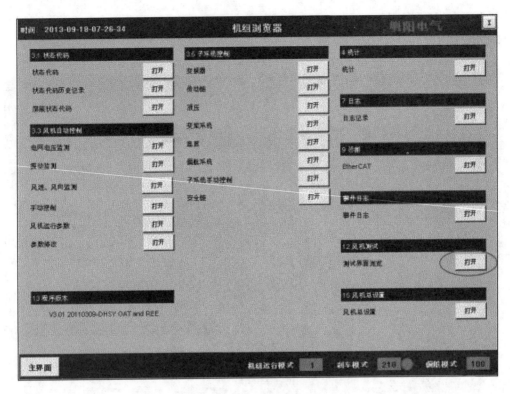

图 3-133 "机组浏览器"界面

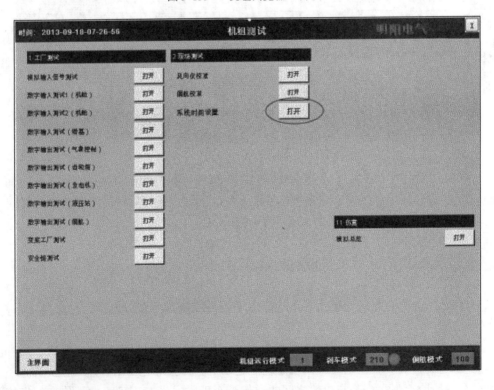

图 3-134 "机组测试"界面

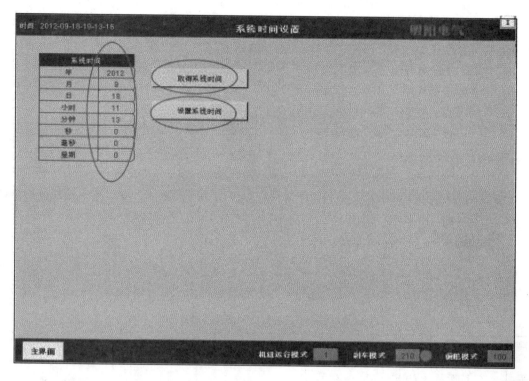

图 3-135 "系统时间设置"界面

3）检查振动传感器通信是否正常。进入振动传感器界面，若能看到振动曲线则说明振动传感器通信正常，此时风轮没有转动，振动传感器曲线的幅值约在 0.02 以内。

4）检查各安全链输入接点的状态，分别测试塔基急停、机舱急停、振动超限、扭缆超限触发时，确认安全链输出断开，丹控变桨控制系统安全链断开时的状态见表 3-9，如倍福控制系统安全链断开则 EL2904 的输出断开。

表 3-9 丹控变桨控制系统安全链断开时的状态

序号	安全模式	触发操作	安全继电器	
			319K2	322K4
1	塔基急停	按下塔基急停	C8）1、C8）2 灯灭继电器断开	全部灯灭继电器断开
2	机舱急停	按下机舱急停		
3	振动超限	松开振动传感器固定螺栓再晃动	正常	
4	扭缆超限	手动触发限位开关		

5）安全链断开后进行安全链复位测试，具体操作步骤如下。

① 登录系统，获取操作权限。

② 急停复位（丹控系统）。按下塔基柜上的"急停复位"按钮，或按下机舱柜上的"急停复位"按钮。

③ 安全链复位。按下塔基柜上的"安全链复位"按钮，或按下机舱柜上的"安全链复位"按钮，或单击主界面中的"安全链复位"按钮，均可手动复位安全链。在所有安全链

输入接点都正常的情况下，安全链能正常复位。切记不可在远程计算机上复位。

④ 若安全链复位成功，则会出现以下情形。

a. 变桨紧急顺桨（EFC_signal）信号正常（24V）。

b. 机舱 DO 输出直流 24V 电源接通。

c. 转子制动器松闸：转子制动夹打开。

⑤ 检查是否有在出厂前测试未完成的项目，并完成。

六、子系统测试

子系统测试是为了机组完成吊装，现场各电气电缆连接完成后，进行机组各部件的调试与校准。具体测试内容如下。

1. 机舱子系统的手动与自动操作

1）逐个合上表 3-10 中各部件的保护开关，检查齿轮箱油路开关是否打开，手动起动各部件设备，检查部件能否动作，电动机的旋转方向应与电动机上标示的方向一致。

表 3-10　机舱子系统各重要部件及对应开关

序号	部件名称	对应开关	备注
1	控制柜风扇 210M1	210F1	用螺钉旋具将 250S1 的冷却起动温度定值调节到当前环境温度下，使风扇起动，风应向柜内吹。验证后将其调整到 30℃
2	机舱风扇 218M1	218Q1	风应向外吹
3	发电机外冷却风扇 226M1、226M2	226Q1	在发电机主轴接口处，风应向外吹
4	齿轮箱高、低速油泵 222M1	222Q1	方向与标示方向一致
5	齿轮箱空冷风扇 224M1	224Q1	风应往外吹
6	液压泵 228M1	228Q1	方向与标示方向一致，进入液压系统界面，观察液压系统压力变化是否正常

2）在安全链正常时（机组不在 210、200 制动模式状态），且各设备的相关保护条件不成立，通过控制面板的手动控制界面可进行手动控制。以机舱控制柜加热为例，操作步骤如图 3-136 所示，其余部件手动控制步骤同理。

① 进入"手动控制系统"界面。

② 单击"机舱控制加热器"按钮，当启动条件满足时，按钮旁边的方框点亮（绿色），塔基柜加热器部件切换到手动控制状态。

③ 通过单击"停止/启动"按钮，控制部件停止/运转。

3）把各部件切出手动模式，投入自动模式。观察液压系统、齿轮箱系统、发电机系统等是否工作正常。

① 齿轮箱系统。当齿轮箱油温高于 55℃时，齿轮箱空冷风扇起动；当齿轮箱油温高于室外温度 +10℃时，油泵低速起动；当齿轮箱油温高于 35℃时，油泵高速起动；当齿轮箱油温低于 5℃时，齿轮箱加热器将起动；当齿轮箱油泵停止时，齿轮箱油泵电机加热器将起动；当齿轮箱风扇停止时，齿轮箱空冷风扇加热器将起动。

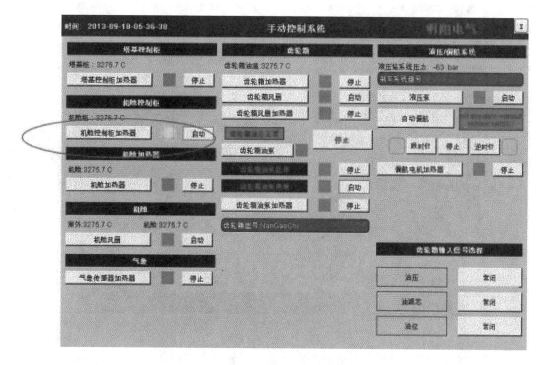

图3-136　"手动控制系统"界面

注意：由于温度条件较难模拟，所以暂时只检查调试进行当时条件下各部件的动作状态是否正确。

② 发电机系统。当风机处于电网运行模式（运行模式20）时，发电机外部风扇将起动；当发电机定子温度低于5℃时，发电机加热器将起动。

注意：由于温度条件较难模拟，所以暂时只检查调试进行当时条件下各部件的动作状态是否正确。

2. 风传感器校准

（1）风速仪信号检查

1）进入"偏航系统"界面（见图3-137），检查风速仪是否有读数变化。若没有则需要进行排查（可能是接线错误）。

2）将风速仪固定住，此时图3-137中通道1的值应在±0.3m/s范围内。

（2）风向仪信号检查

1）进入"偏航系统"界面（见图3-137），右侧中间的两个显示值分别是风向仪1和风向仪2的实时值。

2）分别转动1号（在机舱面对风轮方向站立时，左侧为1号）和2号风向仪，此时界面上的对应风向数值应有明显变化，若数值无变化，则可能是接线有错误，需要查线将错误排除，然后再继续测试。

（3）风向仪0°角校正

1）进入"风向仪校准"界面，见图3-138。

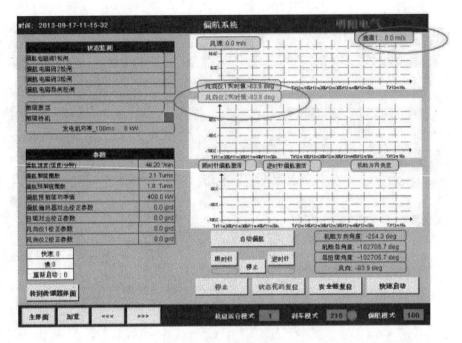

图 3-137 "偏航系统"界面

2）把风向仪 1 的头部对准机舱正前方，记下 1 号风向仪的读数（见图 3-138 中椭圆内所示即是风向仪 1 的实时值），设置风向仪 1 校正参数更新值＝风向仪 1 校正参数，单击"写入系统"按钮将参数风向仪 1 校正参数更新值写入到风向仪 1 校正参数。

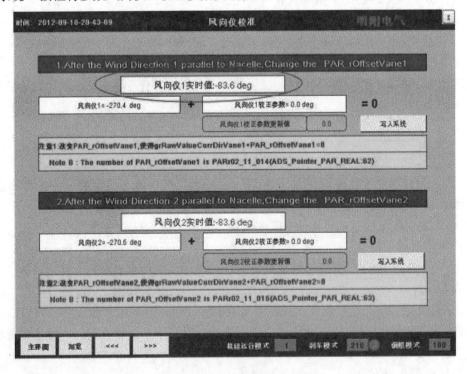

图 3-138 "风向仪校准"界面

3）同理，设置风向仪2，调整参数风向仪2的校正参数。

4）握住1、2号风向仪，使其分别对准机舱方向，检查1、2号风向仪的测量角度是否均为0°，误差应在±1°以内。

3. 液压系统测试

1）起动液压站液压泵电动机打压，液压系统的压力应在140～160bar；如果调试液压站期间安全链已经复位，液压站自动打压，液压系统压力将保持在140～160bar，将机械表接至系统压力测量点10.1，机械表读数应与系统压力基本一致。

2）将机械表接至偏航压力测量点10.3。

3）进入"数字输出测试（偏航）"界面（见图3-139），测试偏航制动半释放和偏航制动全释放。偏航制动半释放时，机械表压力约为20bar；偏航制动全释放时，机械表压力约为0bar。

4）将机械表接至主轴压力测量点10.2。

5）将机组检修开关置于机组维护位置，将机舱控制面板上的转子制动开关置于制动位置或按下急停按钮，机械表压力应约为30bar，确认转子制动器制动。

6）释放转子制动开关，机械表压力应为0bar，转子制动器松闸。

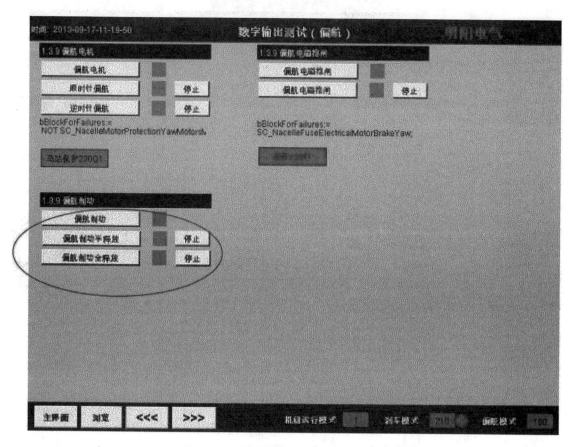

图3-139　"数字输出测试（偏航）"界面

4. 扭缆开关检测

为了防止机舱在同一方向偏航过多将动力电缆扭坏，在偏航轴承处装有扭缆开关，当机舱向同一方向偏航超过3圈时，扭缆开关动作，使安全链断开。该动作通过改变扭缆开关两限位开关角度的方式来设定。具体设定方法如下：

1）首先拆卸扭缆开关的外壳，见图3-140。

图3-140　扭缆开关外壳拆卸

2）松开锁紧螺钉（不要全部松开），旋转调整螺钉1和调整螺钉2，调整螺钉1和调整螺钉2分别调整凸轮a和凸轮b，以限位开关为基准，调整凸轮a和凸轮b上的撞块与限位开关成90°和-90°角，见图3-141。

3）调整完后将锁紧螺钉紧固，安装好外壳。

5. 偏航系统测试

在完成液压系统测试，且风向传感器已校准的前提下，方可进行偏航系统的手动与自动测试。

1）检查偏航电动机的电磁抱闸，偏航电动机的接线相序要一致。

① 偏航电动机的电磁抱闸。手动控制偏航电动机电磁抱闸，在偏航电动机处应能听到"咔嗒"的声音，则表示电磁抱闸动作了，确认4个偏航电动机电磁抱闸正常。

② 偏航电动机接线相序。所有偏航电动机4根电缆的灰棕黑或2、3三芯分别依次接端子X2.10 \ 690的（1，2，3）、（4，5，6）、（7，8，9）、（10，11，12）。

2）把机舱机组检修开关打到机组维护状态，偏航进入手动模式，合上偏航电动机的保护开关。

3）手动测试偏航CW（顺时针）、CCW（逆时针）方向旋转，如果机舱不动，或听到异常声音，需立即停止并排除故障；同时观察机舱角度变化，若旋转方向不对，需检查线路，并调整ABC相序。若偏航时230Q1跳闸，则很可能偏航电动机的绕组接法错误，偏航电动机是星形联结，若接成三角形联结则会引起过电流跳闸。

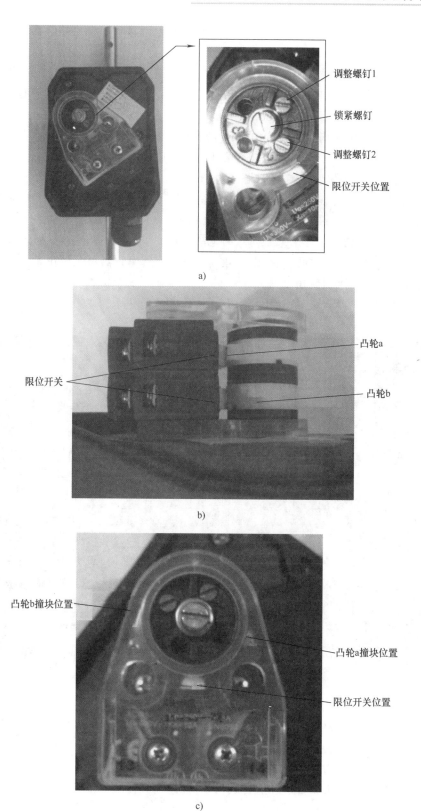

图 3-141　扭缆开关内部结构

注意：偏航顺时针指从天往地看时，机舱顺时针方向转动。机舱顺时针偏航时机舱角度会增大，但风向角会减小。

4) 机舱位置调整。

① 偏航编码器小齿轮与偏航大齿轮的变比应为 14/134 = 0.1044776。若不是，则设置参数 PAR_rGearRatioCogWheelYawSensor 为该值。

② 将 X2.10/24 的 7 脚接到 X2.10/24 的 1 脚，确定偏航编码器清零后复原接线。偏航编码器清零后，图 3-142 中椭圆内的机舱角度、扭缆角度都为零。

③ 对照指南针，将机舱偏航至正北方。

注意：因为机舱内可能有磁场存在，根据实测，发电机处和转子轴承处磁场最强。所以，建议拿指南针的人尽量站在机舱尾部靠近机舱壁处，或站在发电机上，半身伸出机舱外，但此时应小心机舱盖掉落下来砸伤人的危险。

④ 进入"偏航校准"界面（见图 3-143），设置偏航编码器对北校正参数为偏航扭缆对北校正参数，即"-1 * 偏航角度"。

注意：机舱进行偏航时，晃动幅度很大，需注意抓紧扶手，以免跌倒摔伤。

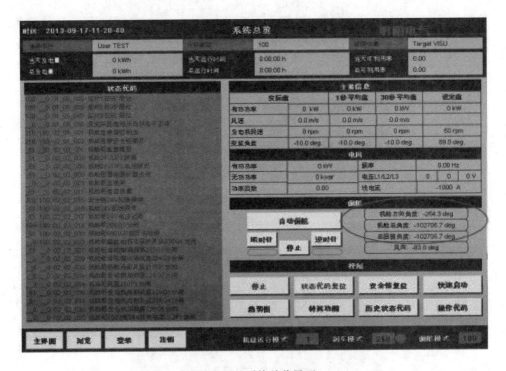

图 3-142　系统总览界面

⑤ 手动测试之后，将机组维护开关退出维护状态，偏航切出手动模式，投入自动模式。观察风向，判断偏航的动作是否往对风方向动作。若听到异常声音，必须立即停止（按"急停"按钮）并排除故障。

⑥ 调试完成后，把机舱检修开关打到检修状态。

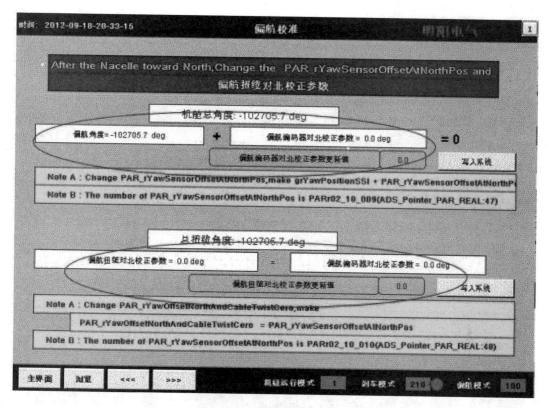

图 3-143 "偏航校准"界面

七、OAT 变桨系统初步检查及桨叶角度调零

1. 安全准备工作

1）将主轴锁定销锁定，使主轴无法转动。

2）按机舱柜的"急停"按钮，使安全链断开。

2. 通电操作

1）检查变桨系统的电缆连接器的连接是否牢靠。

2）检查 400V 电源进线接线是否正确、N 线和 PE 线是否连接牢靠。

3）检查 24V 硬线接线是否正确、牢靠。

4）检查 CANBus 通信线接线是否正确、牢靠，确认 206U1 的 2、3 脚变桨 CAN 通信线已拔出。

5）清除变桨轴承内齿和变桨小齿轮上的杂物。

6）向轮毂提供 400V 电源，检查通电后中控箱 Q1 进线相间电压 400V、对零电压 230V、对地电压 230V 是否正常。

7）闭合 Q1，检查 Q1 出线相间电压 400V、对零电压 230V、对地电压 230V 是否正常。

8）检查机舱柜给变桨系统的 24V 电压是否正常。

9）闭合 Q11、Q21、Q31、F11、F21、F31 令加热器工作，待加热器工作停止后，变桨控制系统开始起动，可以进行桨叶角度的调零。

3. 桨叶角度的调零

以 1 号桨叶调零为例加以说明。

1）将 1 号轴控箱 PMM 上的 mode 开关调到 1 或 2（1 为正转，2 为反转），按"quit"按钮，转动叶片使轮毂上的零位指针指向叶片上的零点。

2）将 mode 开关调到 6，按"quit"按钮将变桨编码器清零。

3）将 mode 开关调到 4，按"quit"按钮，转动桨叶到 91°限位位置，调整撞块位置，确保 91°限位开关已触发。

以同样的方法操作 2 号、3 号桨叶的角度调零。

注意：每次只允许控制一个桨叶动作，且必须确保调试完的桨叶在 91°顺桨位置才能调试下一个桨叶。

测试完成后，将 206U1 的 2、3 脚变桨 CAN 通信线还原。

4. 变桨系统工厂测试

操作步骤如下。

1）进入"变桨工厂测试"界面，见图 3-144。

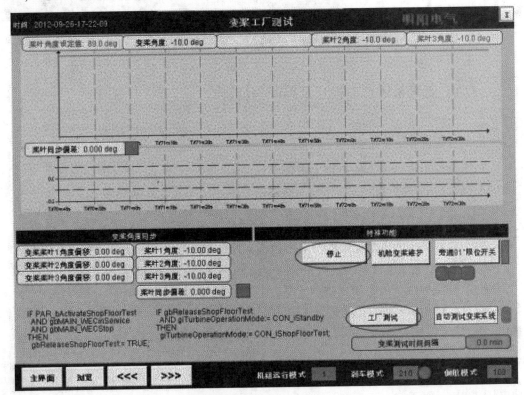

图 3-144 "变桨工厂测试"界面

2）单击"停止"按钮，机组处于停机状态。检查状态代码，无制动程序≥51的状态代码触发（除"停止"引起的状态码外）。

3）单击"工厂测试"按钮，进入工厂测试模式，松开"停止"按钮，变桨系统开始测试。若要终止测试，可以单击"停止"按钮。

注意：测试期间，平均风速不能超过10m/s，且主轴锁定销要处于锁定状态。

当静止状态下的风力发电机组的所有必需测试都成功完成后，调试总负责必须对所有的测试文件签名确认，然后才可以进行下一步的试运行测试。

八、安全链测试（风力发电机组运转时测试）

风机运转时的安全链测试需在风力发电机组运转时测试。

1. 塔基、机舱急停按钮测试

重新恢复安全链、复位故障代码，手动起动风力发电机，发电机转速升高至200r/min后，触发塔基或机舱"急停"按钮，安全链应断开，机组应能紧急顺桨、停机。

1）出现状态代码SC03_01_001或SC02_01_001。

2）此时制动模式为210。

3）3个叶片角度均为91°。

4）塔基柜急停灯点亮。

5）塔机柜、机舱柜安全链灯闪烁。

6）转子制动夹抱闸。

7）风机停止运转。

2. 超速继电器动作测试

把超速设定值调整到2r/min，重新恢复安全链、复位故障代码，手动起动风力发电机使其转速达到设定值以上，检查超速继电器的动作值并记录。继电器动作后，安全链应能断开，机组应能紧急顺桨、停机。

1）出现状态代码SC03_01_003。

2）此时制动模式为200。

3）3个叶片角度均为91°。

4）塔基柜急停灯点亮。

5）塔基柜、机舱柜安全链灯闪烁。

6）转子制动抱闸。

7）风机停机。

3. 测试完成

测试完后，将各项设置恢复原始值，并检查确保无误。

九、机组手动起动与空转测试

1. 注意事项

1）测试期间，平均风速不能超过 8m/s。

2）第一次空转时，必须确保紧急停止开关功能正常。

3）空转期间，需尽快避开共振转速。

4）在空转测试前，需要进行安全系统动态元件的多项功能性测试，并且确定塔筒的固有频率。

5）空转测试期间，一旦出现不确定或者不正常的情况，应该立即停机，紧急情况时可以按塔基控制柜上的"急停"按钮让风机紧急顺桨停机。

2. 测试步骤

1）单击"系统总览"界面上的"停止"按钮，确保风机不会起动，见图 3-145。

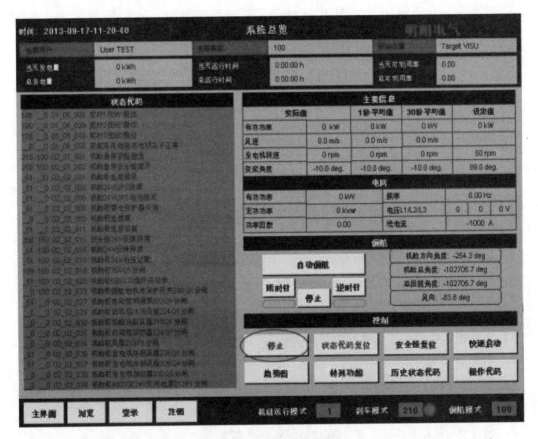

图 3-145　"系统总览"界面

2）桨叶处于91°位置，复位安全链，检查主轴制动已放开。

3）偏航系统投入自动模式，偏航自动对风。

4）旁通桨叶限定，桨叶回到90°，OAT变桨系统不需要旁通桨叶，当没有制动等级≥51的状态代码触发时，桨叶自动回到89°。

5）检查状态代码，无制动程序≥51的状态代码触发（除停止引起的状态码外）。

6）在"用户登录"界面，以权限为100或更高级别的用户登录。

7）在"机组浏览器"界面，进入"手动控制"界面，见图3-146。

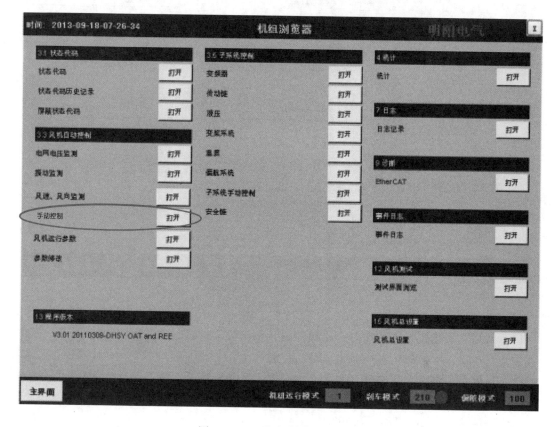

图3-146　"机组浏览器"界面

8）单击界面中的"手动控制"按钮，切换到手动控制，进行转速闭环控制，见图3-147。

9）单击"发电机转速设定值"按钮，设定转速值为50r/min。

10）单击"桨叶角度设定值"按钮，设定桨叶角度限定为75°。

11）单击"变桨速度设定值［0］"按钮，设定变桨动作90≥0°的速度为-4°/s。

12）单击"变桨速度设定值［90］"按钮，设定变桨动作0≥90°的速度为5°/s。

13）松开停机信号，风机应该起动。若不起动，需检查是否有状态代码触发制动程序，并将之排除。

14）观察转速控制是否稳定、变桨动作是否平稳、机组振动值、机组有无出现异响等。

15）发电机转速设定值可逐渐升高到200r/min，桨叶角度限定到65°，设定变桨动作90≥0°的速度为-4°/s，0≥90°的速度为5°/s。

16）机组正常时保持在这种空转状态10min。

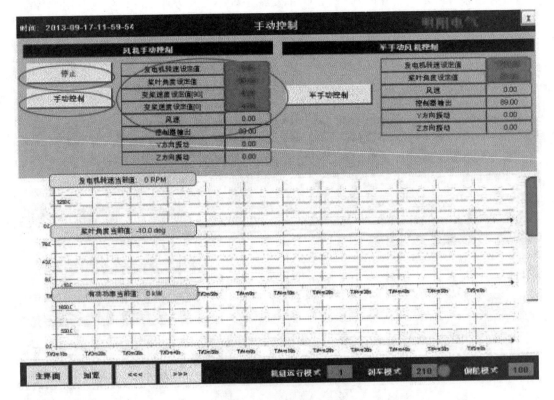

图 3-147 "手动控制"界面

17）最后，发出正常停止指令，机组停机，测试机组运行时的安全链测试。

注意：当以上空转测试都成功完成后，经调试总负责确认后，才可以进行下一步的试运行测试。这时需在机舱测试的项目都已完成，调试人员必须下到塔基进行接下来的调试。

18）重新恢复安全链，旁通桨叶限定，桨叶回到90°，瑞能变桨系统在没有制动等级≥51的状态代码触发时，桨叶自动回到89°。

19）重新手动起动，进行转速闭环控制。设置转速设定值500r/min，桨叶角度限定45°（依据风速来定，但应保证桨叶限定值不可过小），设定变桨动作90≥0°的速度为 −4°/s、0≥90°的速度为5°/s。

20）观察转速控制是否稳定，变桨动作是否平稳，机组振动值，机组有无出现异响等，并记录。观察机组各温度监控点，确认温度无异常。保持风力发电机组恒速运行约10min。

21）设置转速设定值1000r/min，桨叶角度限定40°（依据风速确定，但应保证桨叶限定值不可过小）。设定变桨动作90≥0°的速度为 −4°/s、0≥90°的速度为5°/s。

22）观察转速控制是否稳定、变桨动作是否平稳、机组振动值、机组有无出现异响等，并记录。观察机组各温度监控点，确认温度无异常。保持风力发电机组恒速运行约10min。

23）设置转速设定值1200r/min，桨叶角度限定35°（依据风速确定，但应保证桨叶限定值不可过小），设定变桨动作90≥0°的速度为 −4°/s、变桨动作0≥90°的速度为5°/s。

24）观察转速控制是否稳定、变桨动作是否平稳、机组振动值、机组有无出现异响等，并记录。观察机组各温度监控点，确认温度无异常（各处的温度均未超出保护动作值，没有异常状态码出现）。保持风力发电机组恒速运行约 10min。

25）按"急停"按钮，断开安全链触发紧急顺桨停机，测试制动系统。基于此，就可以确定风力发电机组实际的制动时间，因此，也就确定了风机每分钟减少的转速。用秒表记录风机的制动时间，计算转速变化速度并记录。

26）重新恢复安全链，旁通桨叶限定，桨叶回到 90°，OAT 变桨系统不需要旁通桨叶，当没有制动等级 ≥51 的状态代码触发时，桨叶自动回到 89°。

注意：在起动风力发电机组或在两次蓄电池供电测试间歇时，必须确保变桨系统的蓄电池均已经再次充电。

27）重新手动启动，进行转速闭环控制。设置转速设定值为 1200r/min，桨叶角度限定为 45°（依据风速确定，但应保证桨叶限定值不可过小），设定变桨动作 90 ≥0° 的速度为 −4°/s、0 ≥90° 的速度为 5°/s。

28）观察转速控制是否稳定、变桨动作是否平稳、机组振动值、机组有无出现异响等，并记录。观察机组各温度监控点，确认温度无异常。保持风力发电机组恒速运行约 10min。

29）准备变频器手动并网。由变频器调试计算机控制变频器进行手动并网，可以测试小功率发电（30kW）。

30）到此，空转测试完成，可发出正常停止指令，机组停机，变桨角度复位到 90°。

十、变频器测试

变频器测试方法和注意事项见《变频器用户手册》。

十一、机组自动起动与升功率测试

经过以上一系列的测试过程，机组已经具备自动起动的条件。但在自动起动测试过程中，仍需限定发电功率输出值，使机组能有一个磨合的过程，并方便监控机组的各种状态。

1. 注意事项

1）确认机组已完成空转测试。发现的问题或异常情况等均已解决。

2）机组在运行期间，不允许任何人员留在机舱。

3）机组运行期间，不管检测到的风力发电机组错误信息是否正确，都必须进行检查。

4）确认变频器手动并网完成，变频器参数已恢复，并允许远方控制。

5）平均风速不能超过 15m/s。

6）风机在调试期间，必须有人监控机组的运行状态，不允许无人监控。

2. 测试步骤

以下将描述根据风速和必需的设置将风力发电机组运转到输出功率所需要的步骤。根据齿轮箱的要求和电气调试的规定，输出功率只能小步地增加，直到单个器件达到合理的稳定温度。在发电机转速为 1200r/min 时，风力发电机组必须运行至少 60min，负载更大时，运行时间要加长。只有在轻载测试顺利完成后才能进行加载直至满功率测试运行。测试中，需监控关键传感器和温度信号。

1）叶片角处于91°位置，复位安全链，检查主轴制动已放开。

2）偏航系统投入自动模式，偏航自动对风。

3）旁通桨叶限定，桨叶回到90°，OAT变桨系统不需要旁通桨叶，当没有制动等级≥51的状态代码触发时，桨叶自动回到89°。

4）设定发电机额定转速值在1200r/min，如图3-148所示（可获得权限后在"系统总览"界面单击"趋势图"按钮，进入"系统综览趋势图"界面）。

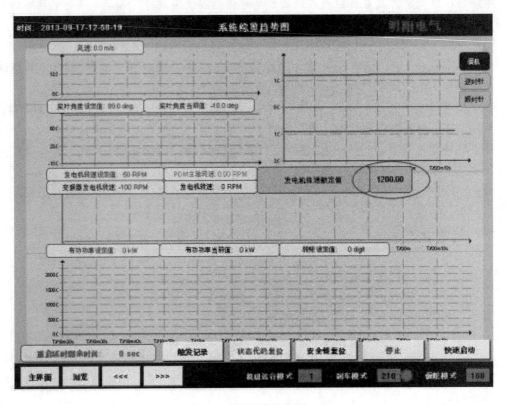

图3-148　"系统综览趋势图"界面

5）松开停机信号，风机应该起动。若不起动，需检查是否有状态代码触发制动程序。

6）机组自动控制，执行自检程序1（测试转子制动）、自检程序2（测试变桨电池驱动）、自检程序3（测试桨叶同步）。

7）逐项执行启动程序1（变桨恒定速度）、启动程序2（加速度恒定）、启动程序3（传动链转速恒定准备并网）。

8）进入励磁及并网模式，发出指令，通知变频器并网。变频器并网后逐步上升发电机转速，转速限定在1200r/min。

9）观察转速控制是否稳定、功率控制是否平稳、变桨动作是否平稳、机组振动状态、机组有无异响等。

10）机组正常时保持在这种状态运行60min。

11）发出正常停机指令，机组脱网、停止，桨叶由电网驱动回到90°。

12）激活快速起动按钮，机组跳过自检程序，直接起动。

13) 机组起动、并网,稳定转速 1200r/min 运行。

14) 逐步提高发电机额定转速值,限定发电机转速 1300r/min。

15) 观察转速控制是否稳定、功率控制是否平稳、变桨动作是否平稳、机组振动状态、机组有无出现异响等。机组正常时保持在这种状态运行 60min。

16) 在风况允许的情况下,再逐步提高发电机额定转速值,限定发电机转速为 1400r/min。

17) 观察转速控制是否稳定、功率控制是否平稳、变桨动作是否平稳、机组振动状态、机组有无出现异响等。机组正常时保持在这种状态运行 60min。

18) 甩负荷测试,按"紧急停机"按钮,安全链断开,机组急停,桨叶紧急顺桨。注意监视机组的振动。

注意: 在做甩负荷测试时,不允许有人员待在机舱中。

19) 重新恢复安全链,旁通桨叶限定,桨叶回到 90°,OAT 变桨系统不需要旁通桨叶,当没有制动等级 ≥51 的状态代码触发时,桨叶自动回到 89°。

注意: 在起动风力发电机组或在两次蓄电池供电测试间歇时,必须确保变桨系统的蓄电池均已经再次充电完毕。

20) 松开停机信号,机组起动、并网,稳定发电机转速 1400r/min 运行。

21) 减小触发值,测试最大风速保护停机。根据当前的风速值,确定设置的停机风速值,设定值应比实际触发值小。

22) 机组正常停机,桨叶回到 90°。

23) 恢复风速保护定值,复位状态代码。

24) 松开停机信号,机组起动、并网,稳定转速 1400r/min。

25) 在风况允许的情况下,再逐步提高发电机额定转速值,限定发电机转速 1600r/min。

注意: 发电机的同步转速为 1500r/min,必须注意不要长时间把发电机额定转速值设定在 1500r/min,这将让变频器运行于不利的工况。

26) 观察转速控制是否稳定、功率控制是否平稳、变桨动作是否平稳、机组振动状态、机组有无异响等。机组正常时保持在这种状态运行至少 120min。

27) 再逐步提高发电机额定转速值,限定发电机转速为 1680r/min。

28) 观察转速控制是否稳定、功率控制是否平稳、变桨动作是否平稳、机组振动状态、机组有无出现异响等。机组正常时保持在这种状态运行至少 240min。

29) 再逐步提高发电机额定转速值到 1780r/min,机组无功率限定,满功率输出。

30) 观察转速控制是否稳定、功率控制是否平稳、变桨动作是否平稳、机组振动状态、机组有无异响等。

31) 到此,机组所有测试完成。机组可长时间投入自动运行,机组可自动连续运行 240h。

十二、管理功能测试

风机经过以上步骤测试之后,已完成所有的测试项目。但仍需注意监视机组的运行状况，除实时进行风机的监视外，还需及时地分析机组运行的状态代码、记录等文件，解决可能隐藏的问题。

十三、监控系统接口测试

连接监控系统测试程序，查看是否所有的测量数据都能够正确地在监控系统中显示出来。

十四、结束前的工作

本工作是完成整台机组调试的最后整理性工作，包括以下内容。

1）参数的默认值，所有更改的参数必须恢复到默认值。所有临时写入的参数值，也必须确认在声明中已写入。

2）在调试过程中临时禁止的状态码，需要分析原因、积极解决。若当时解决不了，需在记录文件注明原因。

3）控制器硬盘中的过程数据需要清除。

4）整理风机控制程序工程完整版本，并备份。

5）申请验收。

项目四　风电系统安装调试实训装置与训练

　项目导读

　　风力发电机组的安装与调试，在教学过程中离不开学生的实践。本项目就是通过前面的安装与调试的理论指导，利用 HN - YFZ01 型风力发电机组装配与调试实训装置，指导和训练提升学生的安装能力。

　项目目标

　　1. 知识目标

1）了解 HN - YFZ01 型风力发电机组装配与调试实训装置的基本结构。
2）能看懂 HN - YFZ01 型风力发电机组装配与调试实训装置的机械构造。
3）能看懂 HN - YFZ01 型风力发电机组装配与调试实训装置的电气图样。
4）了解 HN - YFZ01 型风力发电机组装配与调试实训装置操作应注意的事项。
5）熟悉风力发电机组的装配过程中所用到的设备、工具、器具。
6）掌握风力发电机组实训装置装配过程和调试的基本操作。

　　2. 技能目标

1）能识读 HN - YFZ01 型风力发电机组装配与调试实训装置部件装配图及电气原理图。
2）能识读 HN - YFZ01 型风力发电机组装配与调试实训装置的工作任务书。
3）能熟练运用实训装置辅件、工具、器具进行装配。
4）能熟练掌握简易行车和起重设备使用规范。
5）能够根据装配工艺要求，做好装配前的准备工作。

　　3. 素养目标

1）重视设备及人身安全。
2）热爱本职工作，工作态度积极主动，工作中乐于奉献，不怕吃苦。
3）形成团队意识和创新意识；具有爱岗敬业、诚实守信等良好品质。
4）注重安全操作，一切安全至上的素养。
5）从学习中逐步培养精益生产和6S管理的习惯。

任务一 HN‐YFZ01 型风力发电机组装配与调试实训装置认识

1. 设备简介

HN‐YFZ01 型风力发电机组装配与调试实训装置是用于"华纳杯"全国风力发电系统安装与调试技能竞赛，由全国机械职业教育教学指导委员会新能源装备技术类专业教学指导委员会监制，沈阳华纳科技有限公司研发的竞赛设备。该设备由风力发电机组、风力发电机组控制系统、风力发电机组操作与监控系统等组成，并配备小型起吊装置、安全用品及各类操作工具。目前全国 40 多所高职高专院校，只要是开设了"风力发电工程技术"和"风电系统运行与维护"专业的院校基本上均采用该设备进行风电系统的安装与调试实训，所以该设备具有普遍性和通用性。该设备的整体外观见图 4-1。

图 4-1 HN‐YFZ01 型风力发电机组装配与调试实训装置

2. 设备的主要构成

（1）风力发电机组 主要由永磁发电机、风机逆变器、风机整流器、变桨电动机、变桨驱动器、变桨轴承、轮毂、导流罩、变桨电器柜、偏航轴承、偏航电动机、偏航电动机控制器、机舱罩、编码器、塔筒、制动器、制动盘、主轴、辅材及其他装配零件等组成。

（2）控制系统和监控系统 主要由控制与监控系统柜、主控 PLC、编码器检测模块、数字量模块、逆变器、整流器、驱动器、断路器以及辅材、按钮及旋钮指示灯、触控一体机、计算机、桌椅等设备与器件组成。

3. 设备的主要技术参数

1）主要设备尺寸。

① 风力发电机组：1600mm×1600mm×1700mm。

② 电器柜：800mm×500mm×1870mm。

③ 操作台：700mm×650mm×840mm。

④ 吊车：3000mm×2400mm×3000mm。

⑤ 外形尺寸：长 5m×宽 5m×高 3.5m。

2）单套设备工位面积要求：25m²（长 5m×宽 5m）。

3）设备电源：单相三线制交流 220V ± 22V、50Hz。

4）设备最大输出总功率：4kV·A。

5）安全保护措施：具有过电压、过载、漏电等保护措施，符合国家相关标准。

4. 实训设备的机械部分

整体上包括装配与吊装两大部分。装配部分包括风轮装配、机舱装配、发电系统装配；吊装部分包括塔筒吊装、机舱吊装、发电机吊装、风轮吊装、叶片吊装。该设备的机械部分见图 4-2。

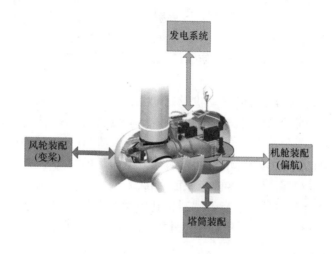

图 4-2 设备机械部分

（1）风轮装配 在风力发电机组中，风轮是将风能转换成机械能的装置，在风力发电机组整体装配过程中，需要将风轮内的全部器件组装完成（包括变桨系统、变桨轴承、轮毂、叶片和导流罩等）。

1）风轮的组成。风轮主要由轮毂、变桨轴承、变桨系统、导流罩、叶片及附件等部件组成。

2）风轮主要器件的功能：

① 轮毂。轮毂是连接叶片与发电机主轴的零件，其作用是承受风力作用在叶片上的推力、扭矩、弯矩并将风轮承受的力和力矩传递到机械机构中去。轮毂是风轮乃至风力发电设备中的重要零件。

② 变桨轴承。变桨轴承采用双排四点接触球轴承内齿结构，转动范围为 0°~90°，正常范围为 0°~25°。变桨轴承安装在轮毂上，通过外圈螺栓紧固。其内齿圈与变桨驱动装置啮合运动，并与叶片连接。

当主控系统检测到外界风速发生变化时，变桨驱动电动机会带动变桨轴承转动，从而改变叶片对风向的迎角，使叶片保持最佳的迎风状态，由此控制叶片的升力，以达到控制作用在叶片上的扭矩和功率的目的。

③ 编码器。绝对位置从码盘上读取，在码盘上，每一位对应一个码道，每个数位编码

器对应一个输出电路，每个通道都包含一个光源接收器，每圈（360°）读数完成后，将重复读数输出。

④ 限位开关。限位开关安装在风桨角度变化限定范围的一端，可以保护在变桨到达极限位置时触发相关电路，停止变桨操作，避免因此而给内部电子元器件带来的损坏。

（2）机舱装配　机舱是由底座、偏航系统、液压系统、润滑系统、机舱罩及附属设备组成。可按实际风机装配流程完成装配实训，风机偏航系统具备解缆功能。

1）偏航系统的组成。偏航系统由底座、偏航轴承、偏航制动盘、偏航制动器、偏航电动机及偏航减速器、偏航计数器等组成。

2）偏航系统主要器件的功能：

① 偏航轴承。偏航齿圈通过螺栓与塔架紧固在一起，齿圈内圈有一阶梯，上下面都和滑动衬垫配合。两个偏航小齿轮就是和这个大齿圈啮合并围绕其旋转，从而带动整个机舱旋转。偏航轴承采用四点接触球轴承结构，滚道表面采用淬火方式确保轴承具有稳定的硬度和淬硬层，合理的齿面模数、形状和硬度使轴承在工作中具有良好的耐磨性、抗冲击性及较高的使用寿命。

② 偏航电动机及减速器。偏航电动机及制动器、偏航小齿轮箱、偏航小齿轮组成了偏航驱动装置，它们通过螺栓及内部的花键联接成一体，再共同和主机架用螺栓联接在一起。偏航驱动装置共有两组，每一个偏航驱动装置与主机架连接处的圆柱表面都是偏心的，以达到通过旋转整个驱动装置调整小齿轮与齿圈啮合侧隙的目的。为了使机舱在偏航过程中平稳、精确，小齿轮与大齿圈之间的侧隙应保证为 0.5 ~ 1。

③ 接近开关。接近开关是一个光传感器，利用偏航齿圈齿的高低不同而使光信号不同来工作，采集光信号并计数。通过一左一右两个接近开关采集的信号，控制系统控制机组偏航不超过 540°，防止线缆缠绕。

接近开关安装在支架上，位于主机架正前方，调整背紧螺母可以调整接近开关和偏航齿圈齿顶之间的距离，为保证信号的采集，此安装距离应保持在 2.0 ~ 4.0mm。

（3）发电系统装配

1）发电系统的组成。发电系统由发电机、集电环组成。

风力发电机组的吊装实验实训能完美地模拟风电场的机组吊装过程，可以增强对风力发电机组吊装过程的认识和理解，掌握吊装工艺及操作流程。

吊装实验实训内容包含塔筒吊装、机舱吊装、发电机吊装、风轮吊装、叶片吊装。吊装过程模拟真实风场机组吊装工艺，包含风轮翻转、塔筒翻转、叶片翻转。

2）风电机组吊装部件的组成。其主要由小型龙门吊、塔筒、机舱、风轮和叶片等组成。

3）风力发电机组吊装部件的主要功能：

① 小型龙门吊。小型龙门吊模拟风场大型起吊装置。

② 塔筒。塔筒结构与真实风机保持一致，可模拟风电场机组的塔筒吊装过程，并在吊装过程中具有翻转过程，更加全面地掌握真实机组吊装工艺。

③ 机舱。机舱结构与真实风机保持一致，可模拟风电场机组的机舱吊装过程。

④ 风轮。风轮结构与真实风机保持一致，可模拟风电场机组的风轮吊装过程，并在吊装过程中具有翻转过程，更加真实地模拟实际机组吊装过程。

⑤ 叶片。叶片结构与真实风机保持一致，可模拟风电场机组的叶片吊装过程，并在吊装过程中具有翻转过程，更加真实地模拟实际机组吊装过程。

5. 实训设备的电气部分

机组电气实训部分包括系统接线、系统程序的编写、风机动作调试三大部分，如图 4-3 所示。

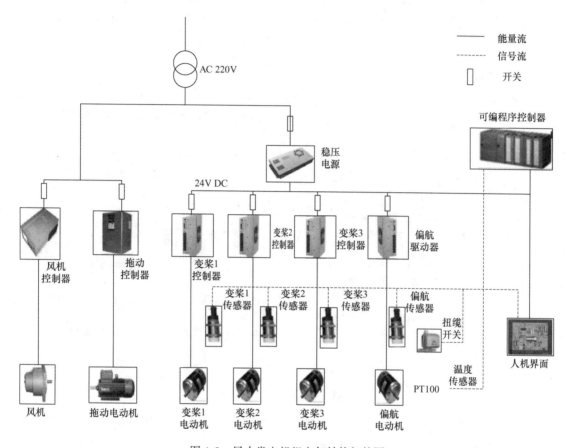

图 4-3　风力发电机组电气结构拓扑图

风力发电机组的电气系统采用西门子 300 系列（如用户有特殊需要可更换）可编程序控制器，为方便操作及考核，系统已经将控制策略或部分算法模块化，开放了编程端口、通信端口及人机界面程序，极大限度地满足教学要求。

在完成机械与电气两大部分的安装与编程后，在人机界面的操作下，可完成风力发电机组的动作调试，真实地还原风电场机组的运行状态。电气系统主要由控制系统、操作系统、监控系统和编程系统组成。

1）控制系统：主要由主控 PLC、变桨电动机驱动器、偏航电动机驱动系统、电网检测模块、电机检测模块、逆变器、整流器、互感器、温度传感器、编码器、限位开关、信号放大器、稳压电源、直流电压变送器组成。可实现对变桨系统控制、偏航系统控制、发电系统控制及对应相关电压、电流、功率、转速、位置的控制及反馈。

2）操作系统：主要由按钮、旋钮、急停按钮、远程手持按钮、电位器、钥匙开关、断路器、安全链、人机界面组成。可通过操作相关器件及界面按钮，完成机组运行控制。

3）监控系统：主要由上位机人机界面组成，实时反馈当前机组运行状态（变桨速度、变桨位置、开关桨状态、机组状态、偏航速度、偏航角度、扭缆角度、液压值、制动状态、机组故障报警、发电机转速、电压、电流、频率、功率及电网各项参数等）。

4）编程系统：主要完成对 PLC 程序的编写，起到二次开发作用。

（1）电气系统的系统接线　系统接线主要包括模拟机组出厂调试接线及机组吊装后的运行接线：风轮-电器柜、机舱-电器柜、风轮-集电环-电器柜、机舱-电器柜之间连线，见图 4-4。

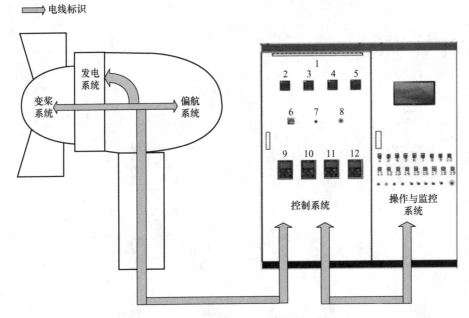

图 4-4　电气系统的系统接线

可根据机组图样中电气符号、导线数量、导线线径、信号等相关说明进行系统接线。采用网孔板形式摆放各类控制器件，控制系统侧为电源进入侧，操作系统侧为信号输入侧，机组侧为终端。

系统接线的主要器件参数见表 4-1 和表 4-2。

1）导线。导线参数见表 4-1。

表 4-1　导线参数

名称	参数
BVR（塑料软线）	BV0.75 用于信号线（控制柜内部）接线
RVVP（控制电缆线）	RVVP 20×0.3 用于机组侧与控制柜侧接线
RVV（电源线）	RVV 3×2.5 用于电源接线

2）端子。端子参数见表 4-2。

表4-2 端子参数

名称	参数	备注
层数	2	
链接量	4	
额定横截面积	2.5mm²	规格型号：UDK4
最大负载电流	16A	
电压	500V	

（2）系统程序编写方式 系统程序编写可以分为两种操作模式，即调用模式和编写模式。在实训实验过程中，可以直接调用调试编译通过的原始程序进行实验，也可在任务中根据需要对系统进行编程。

1）手动变桨。手动变桨实验实训模拟整机厂变桨系统调试，包括变桨系统调零、变桨系统速度调节、变桨系统限位开关调节和三叶片同步运行调节等。

2）手动偏航。手动偏航实验实训模拟整机厂偏航系统调试，包括偏航系统运行调试、偏航系统速度调节、偏航系统位置开关调节、偏航系统计数器调节、偏航系统制动调节和偏航系统扭缆调节等。

3）整机运行。整机运行模拟真实机组运行过程，包括风速、风向给定、风模型建立、风机跟风过程、风机待机过程、风机起动过程、风机发电过程、风机变桨过程、风机解缆过程和风机参数读取等。

6. 监控系统

监控系统采用触控一体机，能够显示风力发电机组运行参数，包括当前变桨状态、偏航状态、发电状态、电网电压、电流、功率、系统工作状态、系统风速切入点、切入时间、切入保持时间等参数，可对参数进行设置。

一体机参数：嵌入式，19in电阻屏，主板J1900，CPU四核1.99GHz，内存4GB，硬盘64GB固态。为方便编程及调试，采用专用上位机与PLC通信并对PLC进行编程，上位机采用品牌计算机，放置在专用计算机桌上。

上位机配置：处理器i5系列，4GB内存，500GB硬盘，集成显卡，DVD光驱，集成网卡/声卡，键盘鼠标，23in宽屏液晶显示器。

7. 实训设备整体参数及场地要求

设备参数及场地要求见表4-3。

表4-3 设备整体参数及场地要求

序号	名称	技术参数	备注
1	风力发电机组	参考尺寸：1600mm×1600mm×1700mm（长×宽×高） 重量不大于150kg	
2	控制柜	尺寸：600mm×400mm×1800mm（长×宽×高） 重量不大于120kg	含控制系统及监控系统
3	小型桥式起重机	高度：3000mm 起重重量：0.5t 跨度：3000mm	

（续）

序号	名称	技术参数	备注
4	场地要求	室内高度不小于3300mm 单套设备操作最小面积：25m² 机组电源：单相三线制 AC 220V ± 10%、50Hz 吊车电源：三相四线制 AC 380V ± 10%、50Hz 装置总容量不大于4kV·A	
5	工作环境	温度：−10 ~ +40℃ 相对湿度不大于85%（25℃）	

8. 设备的主要功能与可完成的安装调试任务

1）风轮组装。

2）变桨系统电气组装。

3）变桨系统编程。

4）变桨系统调试与运行。

5）机舱组装。

6）偏航系统电气组装。

7）偏航系统编程。

8）偏航系统调试与运行。

9）塔筒吊装。

10）机舱吊装。

11）发电机吊装。

12）风轮吊装。

13）叶片吊装。

14）整机电气组装。

15）风电机组控制系统编程。

16）整机调试与运行。

任务二　了解 HN‑YFZ01 型风力发电机组安装与调试安全事项

1. 安全规范

1）装配作业人员应按规定正确佩戴安全帽、安全鞋，做到领紧、袖紧、下摆紧。

2）在各部件安装过程中，各工种做好相互之间的配合，工作有条不紊、忙而不乱，同时遵循"四不伤害"（不伤害自己、不伤害他人、不被他人伤害、不伤害设备）的原则，提高自我保护意识，做好安全互保，防止出现意外。

3）在将系统连接到电源之前，需检查系统的完整性。

4）严禁任何人改动系统的结构。

5）设备运行时，系统的某些部件会连接到危险的高压电源。因此，严禁触碰和拆卸柜内的元器件。

6）设备断电后，至少需等待1min才能进行接线操作。

7）不得使用机械支柱螺栓作为接地导体。

8）当使用一些连接通电设备的元器件时，必须采用合适的措施避免火灾或短路危险。例如，使用快速插头进行连接时，务必连接预紧并且准确，切勿虚接或反接。

9）严禁将设备连接到超出允许电压范围的电源。

10）严禁在设备的端子上施加外部电压。

11）每次吊装前要检查吊具和吊耳等是否存在损坏现象，避免事故发生。

12）塔筒及机舱吊装时禁止将手臂放置在法兰连接平面上。

13）吊装过程中注意吊点的准确，慢起慢落，避免磕碰，注意设备的成品保护。机舱吊具挂钩或摘钩时应避免吊具磕碰机舱内元器件造成损坏。

14）设备用的工器具应按指定的地点堆放。

15）搞好环境卫生，及时清除作业区的垃圾和废弃物，保持施工区域的整洁。

16）装配过程中零件不允许磕伤、碰伤、划伤和锈蚀。

17）对每一装配工序，都要有装配记录。

18）螺钉、螺栓和螺母预紧时严禁敲击或使用不适当的工具或扳手。预紧后螺钉槽、螺母，以及螺钉、螺栓头部不得损坏。

19）在运动器件动作前需检查是否有抹布、杂物、螺钉等妨碍器件运动，避免造成危险。

2. 起重机使用规范

1）使用前应检查吊钩、导链等是否良好，传动部分及起重链条润滑良好，空转运行正常。

2）手拉葫芦跑车歪斜于桥架导轨时，严禁使用。

3）使用前必须将桥式起重机的两个脚轮锁紧。

4）严禁倚靠、推拉、攀爬桥架。

5）起吊前检查上下吊钩是否挂牢，吊钩两端伸出部分不得超出两端可伸出部分总长的2/3，严禁重物吊在吊钩尖端等错误操作。

6）起重链条应垂直悬挂，不得有错扭、打结的链环。

7）操作者应站在与手链轮同一平面内搜动手链条。

8）在起吊重物时，严禁人员在重物下做任何工作或行走。

9）在起吊过程中，无论重物上升还是下降，搜动手链条时，用力应均匀和缓，不要用力过猛，以免手链条跳动或卡环。

10）操作者发现手拉力大于正常拉力时，应立即停止使用。

11）上升或下降设备的距离不得过高或过低。

12）工件严禁在半空停留过久。

3. 电气使用规范

1）设备进行第一阶段接线时，必须关闭全部断路器及拔掉外部插头。

2）用电设备的连接线制作应该有足够的绝缘强度、机械强度和导电能力，不得出现外线破损及断线、断股现象。

3）用电设备应按规定使用提供的线号，快速插排和插座，并应保证可靠连接，不得代替。

4）用电设备的各种元器件及接线排两端电缆需要固定牢固，不得出现松动、打火现象，插头不得虚插或者反插。

5）各种手持电工工具应按规范使用，不得故意损坏或暴力使用。

6）触摸屏严禁使用硬物进行触碰、敲击等危险动作。

7）设备不允许直接断电，必须确定所有运动器件以及触摸屏关闭后方可断电。

任务三　HN-YFZ01型风力发电机组实训

风力发电系统安装与调试实操为2个阶段、4个训练模块，即风电机组整机厂内安装与调试阶段（包括风轮安装与调试、机舱安装与调试两个模块）、风电场整机吊装与调试阶段（包括整机吊装、整机调试与运行两个模块）。要求学生根据教师提出的任务书要求在训练设备上模拟完成指定的实操任务，并考核学生的职业规范、职业安全意识、团队合作精神。

一、风轮组装

（1）实训要求

1）完成轮毂与轮毂工装的组装。

2）将变桨轴承与变桨电动机安装在轮毂上。

3）将变桨编码器组件与限位开关组件安装在轮毂上。

4）将变桨系统控制柜安装在轮毂上。

5）完成变桨系统的机械调试。

6）将导流罩上、下支架安装在轮毂上。

7）将导流罩安装在导流罩上支架、下支架上。

（2）训练准备

1）工具清单。实训工具清单见表4-4。

表4-4　实训工具清单

序号	名称	型号规格	单位	数量
1	内六角扳手	M2～M10	套	1
2	外六角扳手	M3	件	2
3	棘轮扳手组合套装	M2～M10	套	1
4	力矩扳手	4N·m	个	1
5	塞尺	0.02～1.00mm	套	1
6	抹布	200mm×200mm	件	1
7	内六角圆柱头螺钉	M3×6	个	27

（续）

序号	名称	型号规格	单位	数量
8	内六角圆柱头螺钉	M3×8	个	56
9	内六角圆柱头螺钉	M3×10	个	17
10	内六角圆柱头螺钉	M3×35	个	14
11	内六角圆柱头螺钉	M4×5	个	7
12	六角头螺栓	M4×12	个	4
13	六角头螺栓	M4×16	个	5
14	六角头螺栓	M4×30	个	27
15	六角头螺栓	M4×35	个	10
16	螺母	M4	个	5
17	螺母	M3	个	14

2）风轮装置零部件清单。风轮装置零部件清单见表4-5。

表4-5　实训零部件清单

序号	名称	型号规格	单位	数量
1	轮毂	标准配件	件	1
2	风轮工装	标准配件	件	1
3	变桨轴承	标准配件	件	3
4	变桨电动机	标准配件	件	3
5	编码器组件	标准配件	件	3
6	限位开关支架	标准配件	件	3
7	限位开关挡块	标准配件	件	3
8	变桨控制柜	标准配件	件	3
9	变桨控制柜支架	标准配件	件	3
10	导流罩上支架	标准配件	件	1
11	导流罩下支架	标准配件	件	3
12	导流罩	标准配件	件	1
13	导流罩上盖	标准配件	件	1
14	刻度盘	标准配件	件	3
15	光纤	标准配件	件	6

（3）任务要求

1）轮毂安装。

① 选取轮毂和轮毂工装。

② 将轮毂工装平稳地放置在工作台上。

③ 将轮毂放置在轮毂工装上，将轮毂底面与轮毂工装贴合紧密；对齐安装孔，并用4个六角头螺栓M4×16从轮毂方向穿过螺栓孔，4个螺栓相隔90°，在下方安装螺母M4。

④ 将全部的螺栓M4×16及螺母M4紧固在一起。

2）变桨轴承安装同时安装变桨刻度线。

① 选取变桨轴承，将轴承上面的油污擦拭干净。

② 将变桨轴承放置在轮毂工装面上，对齐安装孔及标记线，用 3 个六角头螺栓 M4×30 在轴承的上侧和下侧左、右两边拧入轮毂，同时将刻度盘 90°孔与正对轴承上方螺纹孔，与轴承一起安装，稍微预紧。

③ 安装轴承上的剩余 7 个六角头螺栓 M4×30，并将轴承底部 3 个螺栓除外的其他 7 个螺栓预紧，之后将轴承底部的 3 个螺栓拆下（此 3 个螺栓用于安装导流罩的下支架）。

3）变桨电动机安装。

① 选取变桨电动机。

② 预安装变桨电动机。将变桨电动机从轮毂内侧插入电动机安装孔，手动旋转变桨轴承内圈，电动机齿轮与轴承齿轮啮合，将电动机安装止口完全装入轮毂安装孔。

③ 检查电动机齿轮端面与变桨轴承齿轮端面高度差小于 0.5mm，如达不到要求，需要重新安装变桨电动机小齿轮上的 M2 锁紧螺钉，然后调整齿轮端面位置并锁紧。

④ 安装变桨电动机。对齐电动机与轮毂安装面的螺钉孔，安装 8 个内六角圆柱头螺钉 M3×8 并预紧。

⑤ 用塞尺测量齿轮间隙。使轴承齿轮与变桨电动机小齿轮啮合，并用塞尺插入啮合齿轮的背面间隙，保证 0.5mm 的塞尺可以插入齿轮间隙，0.75mm 塞尺不能插入齿轮间隙，如不满足，需重新安装至达到要求。

4）编码器组件安装。

① 选取编码器组件。

② 将编码器组件放置在轮毂安装面上，检查编码器齿轮与安装编码器支架顶面距离为 12~15mm。

③ 安装 4 个内六角圆柱头螺钉 M3×6 并预紧。

5）限位开关挡块安装。

① 选取限位开关挡块。

② 将开关挡块放置在变桨轴承内圈安装孔上，挡块弧面与轴承弧面重合，安装两个内六角圆柱头螺钉 M4×5，并预紧。

6）限位开关支架安装。

① 选取限位开关支架，同时安装光纤。

② 将限位开关支架放置在轮毂安装面上，对齐安装孔，用两个内六角圆柱螺钉 M3×6 固定限位开关支架。

③ 安装其他两个内六角圆柱头螺钉 M3×6 并预紧。

④ 检查限位开关的 M3 锁紧螺母是否紧固，限位开关勿伸出过多，以免第一次调试时挡块磕碰限位开关。

7）变桨控制柜组件安装。

① 选取变桨控制柜及控制柜支架。

② 将柜体与支架安装在一起，用 4 个内六角圆柱头螺钉 M3×35 紧固。

③ 将安装好的组件放置在轮毂安装面上，用 4 个内六角圆柱头螺钉 M3×8 紧固。

8）剩余的两个变桨系统的安装。按照上述 2）~7）任务要求，安装剩余两个变桨系统。

9）导流罩上支架安装。

① 选取导流罩上支架。

② 将导流罩上支架放置在轮毂上安装面，支架中的短梁与轴承轴线方向对齐，并在短梁上的位置用 3 个六角头螺栓 M4×12 紧固，螺钉相隔 120°。

10）导流罩下支架安装

① 选取导流罩下支架。

② 将导流罩下支架放置在变桨轴承外圈外安装面上，用 3 个六角头螺栓 M4×35，稍微预紧。

③ 采取同样方式，安装剩余的两个导流罩下支架。

11）导流罩安装（该项必须在变桨调试完成后安装，安装后不允许调试变桨）。

① 选取导流罩。

② 将导流罩由上方套入轮毂，对齐螺钉孔，用两个 M3×8 或 M3×10 内六角圆柱头螺钉固定。

③ 安装其他 4 个 M3×8 或 M3×10 内六角圆柱头螺钉并紧固。

④ 稍微拧松一些下支架的 M4×35 六角头螺栓。

⑤ 安装导流罩下支架螺钉。导流罩为易变形材料，安装时需要拉动导流罩外檐，对齐安装孔；用 3 个 M3×8 或 M3×10 内六角圆柱头螺钉预固定并紧固；然后紧固导流罩下支架上面的 3 个 M4×35 螺钉。

⑥ 采取同样方法安装其他两个导流罩下支架的螺钉。

⑦ 不允许安装导流罩前盖。

二、变桨系统电气组装

（1）实训要求

1）依据电气图样及提供的器件、工具，完成电气柜（其中包含变桨驱动器出线端的连接）与 3 个变桨电动机的连接。

2）依据电气图样及提供的器件、工具，完成电气柜（其中包含编码器信号转换模块出线端的连接）与 3 个编码器的连接。

3）依据电气图样及提供的器件、工具，完成电气柜与 6 个限位开关的连接。

4）依据电气图样及提供的器件、工具，完成电气柜与外部急停开关的连接。

（2）实训前准备工作　实训零部件清单见表 4-6。

表 4-6　变桨系统电气组装实训零部件清单

序号	名称	型号与规格	单位	数量
1	变桨电动机	标准设备	台	3
2	变桨编码器	标准设备	个	3
3	限位开关	标准设备	个	6
4	电工工具	标准配件	套	1

（续）

序号	名称	型号与规格	单位	数量
5	数字式万用表	标准配件	台	1
6	线号	标准配件	套	1
7	记录纸	A4	张	5
8	文具		套	1
9	安全帽	标准设备	个	3
10	安全鞋	标准设备	双	3
11	外部急停	标准设备	个	1

（3）任务要求

1）连接电气部件前，必须先切断系统电源。

2）依据提供的电气图样，完成变桨电动机 1 接线。

① 分别选取单芯导线及多芯航空插头电缆，使用万用表分别测量对应线路闭合。

② 依据电气图样标注线号，并压紧冷压端子，要求线号标注方向同侧一致。

③ 依据电气图样，使用一字槽螺钉旋具将对应导线与变桨电动机 1 驱动器出线端与对应端子相连接，同时将航空插头出线端电缆与电气柜对应端子相连接。

④ 依据电气图样，将航空插头另一出线端，通过快速插排与标有"电机正""电机负"的变桨电动机 1 连接。

3）参照上述 2）的变桨电动机 1 接线方式，完成变桨电动机 2、变桨电动机 3、编码器 1、编码器 2、编码器 3、变桨电动机 1 限位 91°开关、变桨电动机 1 限位 95°开关、变桨电动机 2 限位 91°开关、变桨电动机 2 限位 95°开关、变桨电动机 3 限位 91°开关、变桨电动机 3 限位 95°开关的接线及外部手持急停开关。

4）使用万用表检查电气部件连接线路，验证接线准确、完好。

5）依据提供的电气图样检查线号标注。

6）整理线路，检验接线是否牢固，电缆铜线不外露，使用尼龙扎带捆绑电缆。

7）系统上电，闭合全部断路器。

三、变桨系统编程

（1）实训基本要求

1）在操作台计算机上，使用 SIMATIC Manager 编程软件，打开位于"D：\ 2018FDJS"文件夹中的 PLC 程序文件，依据外部硬件配置，同时根据 I/O 表，完成系统硬件搭建及对应参数修改，并且根据 2）~13）的要求完成手动变桨程序的编写（除主程序、变桨系统、通信程序无底层程序外，其他底层程序均可调用），保存并写入 PLC 中。

2）在手动变桨 PLC 程序中，实现三桨叶独立控制。

3）在手动变桨 PLC 程序中，实现 3 个变桨电动机独立的正、反转。

4）在手动变桨 PLC 程序中，当报警等级大于 2 时，变桨系统停止工作。

5）在手动变桨 PLC 程序中，实现 3 个变桨电动机分别开桨时变桨位置值的减小。

6）在手动变桨 PLC 程序中，实现 3 个变桨电动机分别关桨时变桨位置值的增大。

7）在手动变桨 PLC 程序中，实现 3 个变桨电动机分别可设置在 2°/s ~ 4°/s 之间的速度运行，当超出设定范围值时使其值在 2°/s ~ 4°/s 范围内。

8）在手动变桨 PLC 程序中，实现 3 个变桨位置值的可掉电保存。

9）在手动变桨 PLC 程序中，实现分别对 3 个变桨位置值的清零。

10）在手动变桨 PLC 程序中，实现 3 个变桨系统分别按照实际输入变桨角度值变化。

11）在手动变桨 PLC 程序中，实现 3 个变桨系统分别到达设置位置后自动停止，并且复位该变桨起动按钮。

12）在手动变桨 PLC 程序中，实现 3 个变桨 91°限位开关到位触发。

13）在手动变桨 PLC 程序中，实现 3 个变桨 95°限位开关到位触发。

（2）实训场地与工具准备　变桨系统编程实训工具见表4-7。

表 4-7　变桨系统编程实训工具

序号	名称	型号与规格	单位	数量
1	风轮装置	标准设备	台	1
2	电气柜	标准设备	个	1
3	操作台	标准设备	套	1
4	文具		套	1
5	纸	A4	张	5

（3）任务要求

1）使用操作台的计算机，在"D：\ 2018FDJS"文件夹中打开 PLC 程序文件，根据系统接线图或电气柜硬件连接，对硬件进行搭建，使其与实际机组保持一致，并且根据提供的 I/O 表，将实际硬件地址进行修改与匹配，完成机组硬件设置并保存；通过自主编程完成任务要求功能（其中 OB1 需要创建，其他程序可在 OB1 中编写，也可自行创建底层程序进行调用，已给出底层程序可直接调用），保存并下载到 PLC 中（下载全部程序及硬件），编程方式为梯形图。

2）硬件 I/O 分配见表 4-8。

表 4-8　硬件 I/O 分配

名称	硬件地址		注释
DI_PichEncoder1_A	I	0.0	变桨 1 编码器 A 相
DI_PichEncoder1_B	I	0.1	变桨 1 编码器 B 相
DI_PichEncoder2_A	I	0.3	变桨 2 编码器 A 相
DI_PichEncoder2_B	I	0.4	变桨 2 编码器 B 相
DI_PichEncoder3_A	I	0.6	变桨 3 编码器 A 相
DI_PichEncoder3_B	I	0.7	变桨 3 编码器 B 相
DI_PrimeMotorEncoder_A	I	1.1	原动机编码器 A 相
DI_PrimeMotorEncoder_B	I	1.2	原动机编码器 B 相
DI_Reset	I	2.0	复位按钮

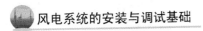

（续）

名称	硬件地址		注释
DI_Estop	I	2.1	急停按钮
DI_Safety_Chain	I	2.2	安全链反馈
DI_Turbin_Estop	I	2.3	机组急停按钮
DI_Serivce	I	2.4	服务旋钮，1 = OK
DI_YawEncoder_A	I	2.5	偏航接近开关 A
DI_YawEncoder_B	I	2.6	偏航接近开关 B
DI_Trip1_91	I	2.7	变桨 1_91°开关
DI_Trip1_95	I	3.0	变桨 1_95°开关
DI_Trip2_91	I	3.1	变桨 2_91°开关
DI_Trip2_95	I	3.2	变桨 2_95°开关
DI_Trip3_91	I	3.3	变桨 3_91°开关
DI_Trip3_95	I	3.4	变桨 3_95°开关
DI_FBK_Motor	I	3.5	原动机电机电源断路器反馈
DI_FBK_Generator	I	3.6	发电机电源断路器反馈
DI_FBK_DC_Power	I	3.7	直流开关电源反馈
DI_FBK_Auxiliary_Power	I	4.0	辅助插座电源反馈
DI_FBK_Gantry_Crane	I	4.1	龙门吊电源反馈
DI_FBK_Pich_Power	I	4.2	变桨电源反馈
DI_FBK_Yaw_Power	I	4.3	偏航电源反馈
DI_FBK_Sensor_Power	I	4.4	传感器电源反馈
DI_FBK_24Encoder_Power	I	4.5	24V 电源反馈
DI_FBK_Rotate_Motor	I	4.6	旋转电动机电源反馈
DI_FBK_Potentiometer	I	4.7	电位器电源反馈
DI_FBK_5Encoder_Power	I	5.0	5V 电源编码器反馈
V_ModbusTimeOut_1	I	7.5	Modbus 模块通信超时
V_Modbus_CRCError_1	I	7.6	Modbus 模块通信 CRC 错误
V_Modbus_CheckError_1	I	7.7	Modbus 模块通信检测错误
V_Modbus3_Error	I	8.2	通信 3 故障　变桨电动机
V_Modbus4_Error	I	8.3	通信 4 故障　变桨电动机
V_Modbus5_Error	I	8.4	通信 5 故障　变桨电动机
V_Modbus6_Error	I	8.5	通信 6 故障　变桨电动机
V_Modbus7_Error	I	8.6	通信 7 故障　变桨电动机
V_ModbusTimeOut	I	10.5	Modbus 模块通信超时
V_Modbus_CRCError	I	10.6	Modbus 模块通信 CRC 错误
V_Modbus_CheckError	I	10.7	Modbus 模块通信检测错误
V_Modbus1_Error	I	11.0	通信 1 故障　电网检测

（续）

名称	硬件地址		注释
V_Modbus2_Error	I	11.1	通信 2 故障 电网检测
V_Modbus3_Error	I	11.2	通信 3 故障 变桨电动机
V_Modbus4_Error	I	11.3	通信 4 故障 变桨电动机
V_Modbus5_Error	I	11.4	通信 5 故障 变桨电动机
V_Modbus6_Error	I	11.5	通信 6 故障 偏航电动机
V_Modbus7_Error	I	11.6	通信 7 故障 偏航电动机
V_Modbus8_Error	I	11.7	通信 8 故障 旋转电动机
DO_Plus	Q	0.0	步进电动机脉冲输出
DO_Dir	Q	0.1	步进电动机方向输出
DO_Relay_PrimeMotor	Q	0.3	原动机继电器
DO_Relay_Generator	Q	0.4	发电机继电器
DO_Led_Run	Q	0.5	运行灯
DO_Led_Standby	Q	0.6	待机灯
DO_Led_Alarm	Q	0.7	报警灯
V_Modbus_Run_1	Q	2.0	Modbus 通信模块运行
V_Modbus_Read_1	Q	2.1	Modbus 通信模块读允许
V_Modbus_Write_1	Q	2.2	Modbus 通信模块写允许
V_Modbus_ErrorReset	Q	2.3	Modbus 通信模块故障复位
V_Modbus_WriteChoice_1	Q	2.4	Modbus 通信模块写模式选择
V_Modbus_StatusReset_1	Q	2.5	Modbus 通信模块清除错误标记位
V_Modbus_StopWait_1	Q	2.6	Modbus 通信模块停止等待
V_Modbus_ForceReset_1	Q	2.7	Modbus 通信模块强制扫描复位
V_Modbus_Run	Q	10.0	Modbus 通信模块运行
V_Modbus_Read	Q	10.1	Modbus 通信模块读允许
V_Modbus_Write	Q	10.2	Modbus 通信模块写允许
V_Modbus_ErrorReset	Q	10.3	Modbus 通信模块故障复位
V_Modbus_WriteChoice	Q	10.4	Modbus 通信模块写模式选择
V_Modbus_StatusReset	Q	10.5	Modbus 通信模块清除错误标记位
V_Modbus_StopWait	Q	10.6	Modbus 通信模块停止等待
V_Modbus_ForceReset	Q	10.7	Modbus 通信模块强制扫描复位

3）操作台计算机触摸屏与 PLC 变量对照见表 4-9。

表 4-9 操作台计算机触摸屏与 PLC 变量对照

名称	硬件地址		注释
V_Always_ON	M	0.3	程序运行一直是 OK
P_Alarm_Status	M	0.4	报警标志位

（续）

名称	硬件地址		注释
P_HMI_Pich1_Run	M	0.5	触摸屏变桨 1 手动运行
P_HMI_Pich2_Run	M	0.6	触摸屏变桨 2 手动运行
P_HMI_Pich3_Run	M	0.7	触摸屏变桨 3 手动运行
V_Pich1_Direction	M	1.1	变桨 1 方向
V_Pich2_Direction	M	1.2	变桨 2 方向
V_Pich3_Direction	M	1.3	变桨 3 方向
V_Pich1_Enable	M	1.5	变桨 1 允许
V_Pich2_Enable	M	1.6	变桨 2 允许
V_Pich3_Enable	M	1.7	变桨 3 允许
P_HMI_Button_Estop	M	2.4	触摸屏急停
P_AutoManual_Status	M	6.0	手自动切换
P_HMI_Pich1_Reset	M	6.1	变桨 1 角度清零
P_HMI_Pich2_Reset	M	6.2	变桨 2 角度清零
P_HMI_Pich3_Reset	M	6.3	变桨 3 角度清零
V_Pich1_ActAngle	MD	28	变桨 1 实际角度
V_Pich2_ActAngle	MD	32	变桨 2 实际角度
V_Pich3_ActAngle	MD	36	变桨 3 实际角度
V_Pich1_ActSpeed	MD	186	变桨 1 实际速度
V_Pich2_ActSpeed	MD	190	变桨 2 实际速度
V_Pich3_ActSpeed	MD	194	变桨 3 实际速度
P_HMI_Pich1_Speed	MW	18	触摸屏手动变桨 1 速度输入
P_HMI_Pich2_Speed	MW	20	触摸屏手动变桨 2 速度输入
P_HMI_Pich3_Speed	MW	22	触摸屏手动变桨 3 速度输入
P_HMI_Pich1_Angle	MD	42	触摸屏手动变桨 1 角度输入
P_HMI_Pich2_Angle	MD	46	触摸屏手动变桨 2 角度输入
P_HMI_Pich3_Angle	MD	54	触摸屏手动变桨 3 角度输入
V_Pich1_PWM	PQW	256	变桨 1 速度输出
V_Pich2_PWM	PQW	258	变桨 2 速度输出
V_Pich3_PWM	PQW	260	变桨 3 速度输出
编码器齿数	20		
变桨齿数	130		

4）调用底层模块。调用底层模块对照见表4-10。

表4-10 调用底层模块对照

编号	名称	功能
OB82	I/O_Flt1	诊断中断组织块
OB86	Rack_Flt	机架故障组织块
OB87	Comm_Flt	通信故障组织块
OB100	Complete Restart	起动组织块
OB122	Mod_Err	IO访问故障组织块
FB1	Alarm	系统报警模块1
FB2	Modbus_Rtu	DP转Modbus通信模块
FB3	Modbus_Motor	电机通信控制通信模块
FB4	Modbus_Grid	电网参数通信模块
FB5	Hydraulic	液压站模块
FB6	Pich	变桨控制模块
FB7	Yaw	偏航控制模块
FB8	Alarm_1	系统报警模块2
FB9	PrimeMotor	原动机控制模块
FB10	Motor	旋转电动机控制模块
FB12	WindModel	风速参数模块
FB13	AI_Filter	风速叠加模块
FB14	Modbus_Rtu_1	DP转Modbus通信模块1
FC1	DP_Alarm	DP通信报警模块

四、变桨系统调试与运行

（1）安装与调试要求

1）在HMI中，对已给定的手动变桨界面（空白）进行自主编写画面，可实现下列2）~9）的调试与运行功能要求，画面要求清晰、美观。

2）在电气柜的计算机上，使用人机界面对变桨系统部件进行调试。

3）在人机界面中，输入变桨角度值，按下起动按钮后，保证变桨系统齿圈零度标志线与变桨轴承零度标志线的差值小于或等于1°。

4）在变桨系统运行过程中，变桨实际角度的重复精度值小于或等于1°。

5）在人机界面中操作变桨电动机运行，变桨限位开关挡块触发限位开关，变桨限位开关挡块与限位开关之间角度差值小于或等于1°。

6）可设置开关桨的变桨速度在2°/s~4°/s之间运行。

7）变桨电动机在运行时，实际转速不得低于设置变桨速度0.5。

8）变桨运行过程中，无堵转报警。

9）保证上述2）~7）要求后使三桨叶停至91°。

（2）安装与调试准备　变桨系统安装与调试工具见表4-11。

表4-11　变桨系统安装与调试工具

序号	名称	型号与规格	单位	数量
1	风轮装置	标准设备	台	1
2	电气柜	标准设备	个	1
3	文具		套	1
4	纸	A4	张	5

（3）安装与调试任务要求　在电气柜的计算机中打开WinCC软件，在系统指定的界面中完成设计，界面已给定内容无须修改，根据任务要求添加对应反馈与控制的编辑。例如，控制变桨电动机运行，需要添加起动按钮，变桨速度值设定，速度值反馈及角度反馈等对应功能显示，达到任务要求即可，画面要求准确、清晰。完成以下操作。

1）打开WinCC软件，打开图形编辑器，在图形编辑器中双击"任务二、pdl"进入画面编辑，通过添加控件及画面元素完成任务要求。

2）保存编辑完成的画面，激活HMI，运行画面。人机界面：登录用户名为user1；密码为123456，使用人机界面对变桨系统进行调试。

3）进入变桨（手动）调节界面。

4）观察变桨系统齿圈零度标志线与变桨轴承刻度盘上的0°差值，在人机界面的变桨角度值中输入相差角度差，按下起动按钮，反复验证，使变桨系统齿圈零度标志线与变桨轴承刻度盘的0°差值不大于1°（三桨叶）。

5）在人机界面中，按下对应变桨角度清零按钮，使人机界面中变桨位置值清除为0°（三桨叶）。

6）在人机界面中，输入任意角度值，单击"起动"按钮，确保变桨系统正常运行，观察人机界面中变桨实际角度值，重复精度值不大于1°（三桨叶）。

7）在人机界面的变桨角度值中输入"91"，单击"启动"按钮，当实际变桨角度值变化至91°时，系统自动停止（三桨叶）。

8）调节变桨系统91°限位开关，使限位开关刚好感应到限位挡块并且角度差值不大于1°，使人机界面上91°限位开触发（三桨叶）。

9）在人机界面的变桨角度值中输入95，单击"起动"按钮，当实际变桨角度值变化至95°时，系统自动停止（三桨叶）。

10）调节变桨系统95°限位开关，使限位开关正好感应到限位挡块并且角度差值不大于1°，使人机界面上95°限位开触发（三桨叶）。

11）在人机界面变桨速度设置中，修改变桨速度值在2°/s～4°/s之间，使运行变桨系统对应其设置变桨速度（三桨叶）。

12）在报警设置中，选择变桨对应桨叶的堵转报警，保证变桨在运行过程中无该项报警（三桨叶）。

13）在调试完成后必须将变桨系统停止在91°实际位置（三桨叶）。

五、机舱组装

（1）实训要求

1）完成底盘与机舱倒置工装的组装。

2）将偏航轴承安装在底盘上，然后将摩擦盘安装在偏航轴承上。

3）将制动器垫块安装在底盘上，然后将制动器安装在制动器垫块上。

4）将电刷组件安装在底盘上。

5）翻转底盘，将底盘与机舱正置工装进行组装。

6）将偏航电动机安装在底盘上。

7）将偏航定位支架安装在底盘上。

8）将机舱控制柜、润滑泵及液压站安装在底盘上。

9）将机舱罩支架安装在底盘上。

10）完成偏航系统的机械调试。

11）将左、右机舱罩安装在机舱罩支架上。

（2）实训准备

1）工具清单（见表4-12）。

表4-12　机舱安装与调试工具

序号	名称	型号规格	单位	数量
1	内六角扳手	M2 ~ M10	套	1
2	外六角扳手	M3、M4	件	1
3	棘轮扳手组合套装	M2 ~ M10	套	1
4	力矩扳手	4N·m	个	1
5	塞尺	0.01 ~ 1.0mm	套	1
6	抹布	200mm×200mm	件	1
7	内六角圆柱头螺钉	M3×6	个	14
8	内六角圆柱头螺钉	M3×8	个	7
9	内六角圆柱头螺钉	M3×10	个	59
10	内六角圆柱头螺钉	M3×20	个	9
11	内六角圆柱头螺钉	M3×35	个	5
12	内六角圆柱头螺钉	M3×55	个	36
13	内六角圆柱头螺钉	M4×16	个	4
14	六角头螺栓	M4×25	个	5
15	六角头螺栓	M4×30	个	27
16	螺母	M3	个	11

2) 机舱零部件清单（见表4-13）。

表4-13 机舱安装与调试零部件

序号	名称	型号规格	单位	数量
1	底盘	标准配件	件	1
2	底盘正置工装	标准配件	件	1
3	底盘倒置工装	标准配件	件	1
4	偏航轴承	标准配件	件	1
5	偏航电动机	标准配件	件	2
6	定位开关组件	标准配件	件	1
7	机舱控制柜	标准配件	件	1
8	润滑泵	标准配件	件	1
9	液压站	标准配件	件	1
10	光纤	标准配件	件	2
11	机舱罩下支架	标准配件	件	4
12	机舱罩左罩	标准配件	件	1
13	机舱罩右罩	标准配件	件	1
14	机舱罩上罩	标准配件	件	1
15	摩擦盘	标准配件	件	1
16	电刷组件	标准配件	套	2
17	制动器垫块	标准配件	件	4
18	制动器	标准配件	件	4

（3）任务要求

1）安装底盘。

① 选取底盘与机舱倒置工装。

② 将底盘倒立放置在机舱倒置工装上。

2）安装偏航轴承。

① 选取偏航轴承，将轴承上面的油污擦拭干净。

② 将偏航轴承放置在底盘上，内圈高出的法兰面与底盘接触，对齐底盘与轴承内圈的安装孔，预固定两个 M4×30 的六角头螺栓。

③ 将剩下的 22 个 M4×30 的六角头螺栓安装到轴承上，并采用星形紧固全部螺栓。

3）安装摩擦盘。

① 选取摩擦盘，将摩擦盘上面的油污擦拭干净。

② 将摩擦盘放置在偏航轴承上，有台阶的方向与轴承接触，对齐摩擦盘与轴承的 3 个安装孔，用 3 个 M4×16 内六角圆柱头螺钉紧固，并检查其他所有安装孔是否对齐，如不对齐，调整摩擦盘位置再次安装。

4）安装制动器垫块。

① 选取制动器垫块。

② 将制动器垫块放置在底盘安装面上，用两个 M3×20 内六角圆柱头螺钉紧固，然后用

M3×55 内六角圆柱头螺钉检查其他 8 个孔是否对齐，如不对齐，调整制动器垫块再次安装。

③ 采用上述同样方法，安装剩下的 3 个制动器垫块。

5）安装制动器。

① 选取制动器。

② 将制动器由轴承内侧放置在制动器垫块上，并保证制动器钳口套入摩擦盘的内圆面，用两个 M3×55 内六角圆柱头螺钉预固定制动器（勿预紧），安装其他 6 个螺钉，保证所有螺钉全部拧入，再预紧螺钉；预紧螺钉采用对角安装，先预紧中间 4 个螺钉，再预紧四角的 4 个螺钉。

③ 采用上述同样方法，安装剩下的 3 个制动器。

6）安装电刷组件。

① 选取电刷组件。

② 将电刷组件放置在底盘安装面上，用两个 M3×6 内六角圆柱头螺钉固定，稍微预紧，调节电刷支架位置，使电刷与摩擦盘内圆接触保证间隙小于 0.2mm；紧固螺钉。

③ 采用上述同样方法，安装另一个电刷组件。

7）翻转底盘。

① 选取机舱正置工装。

② 将机舱正置工装放置在底盘附近，保证稳定；翻转底盘，将底盘组件放置在机舱正置工装上，摩擦盘底面与机舱正置工装接触；用两个 M4×25 六角头螺栓从正置工装的下方穿入，并拧入底盘轴承上，预固定住底盘组件，两个螺栓相隔 180°；然后再安装另两个 M4×25 六角头螺栓，4 个螺栓相隔 90°。

8）安装偏航电动机。

① 选取偏航电动机。按照下列②～④的方法，安装完成一个电动机后，禁止手动旋转偏航轴承。

② 预安装偏航电动机。将偏航电动机从底盘上侧插入电动机安装孔，手动旋转偏航轴承，使电动机齿轮与轴承齿轮啮合，将电机安装止口完全装入底盘安装孔。

③ 检查偏航电动机齿轮下端面是否与偏航轴承齿下端面高度差小于 6mm。

④ 安装偏航电动机。对齐电动机与底盘的螺钉孔，用 8 个 M3×10 内六角圆柱头螺钉预固定，稍微预紧。

⑤ 用塞尺测量齿轮间隙。使轴承齿与偏航电动机小齿轮啮合，并用塞尺插入啮合齿轮的背面间隙，保证 0.5mm 的塞尺可以插入齿轮间隙，0.75mm 塞尺不能插入齿轮间隙，满足要求后紧固所有螺钉。

⑥ 采用上述同样方法，安装另一个偏航电动机，安装一个电动机后，禁止手动旋转偏航轴承。

9）安装偏航定位开关。

① 选取偏航定位开关支架，同时安装光纤。

② 将定位开关支架放置在底盘下安装面上，对齐安装孔，用 4 个 M3×6 内六角圆柱头螺钉固定定位开关支架，并紧固。

③ 检查光纤的 M3 锁紧螺母是否紧固，如不紧固，用 M3 扳手进行紧固。光纤勿伸出过多（光纤与齿顶距离为 5～10mm），以免第一次调试时齿轮磕碰定位开关。

10）安装机舱控制柜。

① 选取机舱控制柜。

② 将控制柜放置在底盘安装面上，用 4 个 M3×8 内六角圆柱头螺钉固定，并紧固。

③ 将控制柜门安装在柜体上，用 4 个 M3×6 内六角圆柱头螺钉紧固。

11）安装轮滑泵。

① 选取轮滑泵。

② 将轮滑泵放置在底盘安装面上，用两个 M3×8 内六角圆柱头螺钉安装紧固。

12）安装液压站。

① 选取液压站。

② 将液压站放置在底盘安装面上，用 4 个 M3×35 内六角圆柱头螺钉紧固。

13）安装机舱罩支架。

① 选取机舱罩支架。

② 将机舱罩支架放置在底盘下安装面上，对齐安装孔，用 4 个 M3×10 内六角圆柱头螺钉紧固。

③ 采用上述同样方法，安装剩下的 3 个机舱罩支架。

14）安装吊环。

① 选取吊环。

② 将吊环安装在底盘的上安装面，底部左、右各一个，上部一个，并紧固。

15）安装机舱罩左右罩体（该项必须在偏航调试完成后安装，安装后不允许调试偏航）。

① 选取机舱左、右罩。

② 将机舱罩左罩放置在机舱罩支架上，对齐安装孔，用 8 个 M3×10 内六角圆柱头螺钉紧固（注意：机舱罩为有机材料，安装时勿损坏机舱罩）。

③ 采用上述同样方法，安装机舱右罩。

④ 对齐机舱罩左、右罩之间的连接安装孔，用 5 个 M3×10 内六角圆柱头螺钉与 M3 螺母紧固。

⑤ 不允许安装机舱上罩。

六、偏航系统电气组装

（1）安装与调试要求

1）依据电气图样及提供的器件、工具，完成电气柜（其中包含偏航驱动器出线端的连接）与两个偏航电动机的连接。

2）依据电气图样及提供的器件、工具，完成电气柜与两个定位开关的连接。

3）依据电气图样及提供的器件、工具，完成电气柜（其中包含步进电动机驱动器出线端的连接）与旋转电动机的连接。

（2）安装与调试准备　机舱安装与调试零部件见表 4-14。

表 4-14　机舱安装与调试零部件

序号	名称	型号与规格	单位	数量
1	偏航电动机	标准设备	台	2
2	旋转电动机	标准设备	个	1
3	定位开关	标准设备	个	2
4	电工工具	标准配件	套	1
5	数字式万用表	标准配件	台	1
6	线号	标准配件	套	1
7	记录纸	A4	张	5
8	文具		套	1
9	安全帽	标准设备	个	3
10	安全鞋	标准设备	双	3

（3）安装与调试任务要求

1）连接电气部件前，必须先切断系统电源（总外部插头拔掉）。

2）依据提供的电气图样，完成电器柜-偏航系统接线。

① 选取单芯导线及多芯航空插头电缆，使用万用表分别测量对应线路闭合。

② 依据电气图样标注线号，并压紧冷压端子，要求线号标注方向同侧一致。

③ 依据电气图样，使用一字槽螺钉旋具将对应导线与偏航 1 驱动器出线端与对应端子相连接，同时将航空插头出线端电缆与电气柜对应端子相连接。

④ 依据电气图样，将航空插头另一出线端，通过快速插排与标有"电机正""电机负"的偏航电动机 1 连接。

3）参照上述 2）偏航电动机的接线方式，完成偏航电动机 2、定位开关 1、定位开关 2、旋转电动机的接线。

4）使用万用表检查电气部件连接线路，验证接线准确、完好。

5）依据提供的电气图样检查线号标注。

6）整理线路，检验接线牢固，电缆铜线不外露，使用尼龙扎带捆绑电缆，电缆铜线不外露，使用尼龙扎带捆绑电缆。

7）系统通电，闭合全部断路器。

七、偏航系统编程

（1）安装与调试要求

1）在操作台的工位计算机上，使用 SIMATIC Manager 编程软件，打开位于"D：\2018FDJS"文件夹中的 PLC 程序文件，依据外部硬件配置，同时根据 I/O 表，完成系统硬件搭建及对应参数修改，并且根据下面 2）~12）的要求完成手动偏航程序的编写（除主程序、偏航、通信程序无底层程序外，其他底层程序均可调用），保存并写入 PLC 中。

2）在手动偏航 PLC 程序中，实现当报警等级大于 2 时偏航系统停机。

3）在手动偏航 PLC 程序中，实现两组偏航电动机同步正反转。

4）在手动偏航 PLC 程序中，实现正向偏航，偏航位置值增加。

5）在手动偏航 PLC 程序中，实现反向偏航，偏航位置值减小。

6）在手动偏航 PLC 程序中，实现偏航电动机可设置在 2°/s ~ 4°/s 之间的速度同步运行。

7）在手动偏航 PLC 程序中，实现偏航位置值可掉电保存。

8）在手动偏航 PLC 程序中，实现可对偏航位置值清零。

9）在手动偏航 PLC 程序中，实现两个定位开关进行计算偏航角度值，误差允许 5°。

10）在手动偏航 PLC 程序中，实现可设置扭揽角度在 0° ~ 540°（包括负向），超出扭揽角度值时偏航停止。

11）在手动偏航 PLC 程序中，实现设置液压站起动值及停止值，在偏航系统运行停止时液压站将压力输送至制动器，系统压力降低，同时液压站起动保证在 2s 内系统压力达到液压站停止值。

12）在手动偏航 PLC 程序中，实现偏航方向选择对应显示。

（2）安装与调试准备　机舱安装与调试零部件见表 4-15。

表 4-15　机舱安装与调试零部件

序号	名称	型号与规格	单位	数量
1	机舱装置	标准设备	台	1
2	电气柜	标准设备	个	1
3	操作台	标准设备	套	1
4	文具		套	1
5	纸	A4	张	5

（3）任务要求

1）使用操作台上的计算机，在"D：\ 2018FDJS"文件夹中打开 PLC 程序文件，根据系统接线图或电气柜硬件连接，对硬件进行搭建，使其与实际机组保持一致，并且根据提供的 I/O 表，将实际硬件地址进行修改与匹配，完成机组硬件设置，并保存；通过自主编程完成任务要求功能（其中 OB1 需要创建，其他程序可在 OB1 中编写，也可自行创建底层程序进行调用，已给出底层程序可直接调用），保存并下载到 PLC 中（下载全部程序及硬件），编程方式为梯形图（如果已搭建完成，则无须修改）。

2）I/O 分配表。与本项目任务 3 中的"变桨系统编程"部分的"任务要求"中"2）I/O 分配表"一致。

3）触摸屏与 PLC 变量对照见表 4-16。

表 4-16　触摸屏与 PLC 变量对照

名称	硬件地址		注释
P_HMI_Yaw_Run	M	1.0	触摸屏偏航手动运行
P_HMI_Yaw_Direction	M	1.4	触摸屏偏航手动方向
V_Yaw_Enable	M	2.0	偏航允许

（续）

名称	硬件地址		注释
P_HMI_Button_EStop	M	2.4	触摸屏急停
P_HMI_Button_MotorRun	M	2.5	触摸屏电动机旋转
V_YawCable_Plimit	M	2.6	偏航手动正限位
V_YawCable_Rlimit	M	2.7	偏航手动反限位
V_Hydraulic_Status	M	3.0	液压站状态位
V_Motor_Enable	M	3.4	旋转电动机运行允许
V_Motor_Run	M	3.5	旋转电动机运行标志位
V_Yaw_Cable_Status	M	5.6	解缆标志位
P_YawAngle_Reset	M	5.7	偏航角度清零
P_AutoManual_Status	M	6.0	手自动切换
V_Yaw_ActAngle	MD	50	偏航实际角度
V_WindSpeed	MD	82	风速给定
P_YawCableAngle	MD	162	解缆角度值
P_Hydraulic_RunPressure	MD	198	液压站起动压力
P_Hydraulic_StopPressur	MD	202	液压站停止压力
V_Hydraulic_Pressure	MD	206	液压站输出压力
P_HMI_Yaw_Speed	MW	26	触摸屏偏航速度输入
V_MotorSpeed	MW	40	旋转电动机速度
V_Yaw1_PWM	PQW	262	偏航1速度输出
V_Yaw2_PWM	PQW	264	偏航2速度输出
偏航齿数	158		
变桨电动机齿数	19		
模拟量运行滤波	0.999		
模拟量停止滤波	0.994		
	DB7.DBX28.0		偏航电动机状态
	DB7.DBX28.1		偏航方向状态
	DB7.DBX32.0		解缆状态

4）调用底层模块。与本项目任务三中的"变桨系统编程"部分的"任务要求"中"4）调用底层模块"一致。

八、偏航系统调试与运行

（1）竞赛要求

1）在 HMI 中，对已给定的手动偏航界面（空白）进行自主编写界面，可实现 2）~9）的调试与运行功能要求，界面要求清晰美观。

2）在人机界面中，按"偏航起动"按钮，两个偏航电动机处于同步运行状态。

3）在人机界面中，复位"偏航起动"按钮，两个偏航电动机同时停止运行。

4）在人机界面中，操作偏航电动机运行，偏航实际角度的重复精度值不大于 5°。

5）在人机界面中，选择正向偏航，机舱顺时针方向转动，人机界面偏航位置值增加。

6）在人机界面中，选择反向偏航，机舱逆时针方向转动，人机界面偏航位置值减少。

7）在人机界面中，可以设置偏航系统在 2°/s~4°/s 的速度范围内运行。

8）在人机界面中，设定液压站的起动值与停止值，使系统在压力值低于所设定的起动值时自动起动、高于所设定的停止值时自动停止。

9）偏航运行过程中，无偏航堵转报警。

（2）安装与调试准备（见表 4-17）。

表 4-17 安装与调试准备

序号	名称	型号与规格	单位	数量
1	机舱装置	标准设备	台	1
2	电气柜	标准设备	个	1
3	文具		套	1
4	纸	A4	张	5

（3）任务要求　在电气柜的计算机中（计算机密码：123456），打开 WinCC 软件，在系统指定的界面中完成界面设计，界面已给定内容无须修改，根据任务要求添加对应反馈与控制的编辑。例如，控制偏航电动机运行，需要添加起动按钮，偏航速度值设定，速度值反馈及解缆角度反馈等对应功能显示，达到任务要求即可，界面要求准确、清晰。完成以下操作。

1）打开 WinCC 软件，打开图形编辑器，在图形编辑器中双击"任务一、pdl"进入界面编辑，通过添加控件及界面元素完成任务要求。

2）保存编辑完成的界面，激活 HMI，运行界面。人机界面：登录用户名为 user1；密码为 123456，使用人机界面对偏航系统进行调试。

3）进入偏航（手动）调节界面。

4）在人机界面中，单击"偏航清零"按钮，使界面中偏航位置值清除为 0°。

5）在人机界面中，偏航方向选择为正向，单击界面中"偏航起动"按钮，使机组顺时针方向偏航，并且偏航角度值增加；再次单击界面中"偏航起动"按钮，偏航机组停止偏航，当选择正向时对应指示灯闪烁。

6）在人机界面中，可以设置偏航系统在 2°/s~4°/s 的速度运行，在偏航运行时对应指示灯变绿。

7）在人机界面中，输入液压起动值 30bar，液压停止值 180bar，观察界面中实际压力值，要求在设置过程中，起动压力值不大于停止压力值。

8）在报警设置中，选择偏航堵转报警，保证偏航在运行过程中无该项报警。

9）调试完成后偏航需要停在 0°位置。

九、职业素养

（1）职业规范　遵守课堂纪律；听从教师指挥；尽量减少耗材浪费；工具摆放整齐；实训结束后应进行工位清洁。

（2）职业安全　遵守操作规范；不得带电操作；不得损坏风电安装与调试实训设备，离开实训室应切断所有电源。

（3）团队合作　所有学生应分组进行操作，每 3 人一组、合理分工；团队配合紧密。

参 考 文 献

[1] 吴霞. 风力发电机组结构及工作原理 [M]. 北京：社会科学文献出版社，2011.

[2] 李建林，等. 风力发电系统低电压运行技术 [M]. 北京：机械工业出版社，2009.

[3] 张志英. 风能与风力发电技术 [M]. 北京：化学工业出版社，2010.

[4] 宫靖远. 风电场工程技术手册 [M]. 北京：机械工业出版社，2004.

[5] 叶杭冶. 风力发电机组的控制技术 [M]. 北京：机械工业出版社，2015.

[6] 叶云洋，陈文明. 风力发电机组的安装与调试 [M]. 北京：化学工业出版社，2014.

[7] 崔财德. 风力发电机组组装与调试 [M]. 北京：社会科学文献出版社，2011.

[8] 任清晨. 风力发电机组安装·运行·维护 [M]. 北京：机械工业出版社，2010.

[9] 杨静东. 风力发电工程施工与验收 [M]. 北京：中国水利水电出版社，2013.

[10] 邵联合. 风力发电机组运行维护与调试 [M]. 北京：化学工业出版社，2014.